# L'OCÉAN

## ET

# SES MERVEILLES

PAR

## J.-M. CHOPIN

ORNÉ DE CENT GRAVURES HORS TEXTE ET DANS LE TEXTE

## PARIS

J. BRARE ET Cⁱᵉ, ÉDITEURS

7, RUE DE LA HARPE (PRÈS LA PLACE SAINT-MICHEL)

# L'OCÉAN

## ET

## SES MERVEILLES

PARIS. — IMPRIMERIE CARION, RUE BONAPARTE, 64.

L'OCÉAN

# L'OCÉAN

## ET

# SES MERVEILLES

PAR

## J.-M. CHOPIN

ORNÉ DE CENT GRAVURES HORS TEXTE ET DANS LE TEXTE

PARIS

LIBRAIRIE DE L'ENFANCE ET DE L'ADOLESCENCE

## J. BRARE ET Cᵉ, ÉDITEURS

7, RUE DE LA HARPE, PRÈS LA PLACE SAINT-MICHEL.

# L'OCÉAN

### ET

## SES MERVEILLES

—————◆—————

### DESCRIPTION GÉNÉRALE

Si nous aimons à contempler les scènes riantes et variées qu'offre une belle campagne, l'aspect de la nature ne nous paraît pas moins intéressant lorsqu'elle se présente à nos regards revêtue de cette flottante et immense ceinture que nous nommons l'Océan. Quelle magnifique carrière ouverte à notre admiration et à nos recherches ! Parce que ce spectacle ne se montrerait à nos jeunes lecteurs qu'accidentellement, serait-ce une raison pour qu'ils négligeassent de puiser à cette source, avec des connaissances utiles, de nouvelles preuves de la munificence du Créateur? Non, sans doute; et ils trouveront toujours dans un tel exercice de leur intelligence, non-seulement un profit réel, mais une suite de pures jouissances.

L'Océan couvre plus de la moitié de la surface du globe terrestre. Cette étendue frappe d'abord. Peut-être la prévoyance humaine se serait contentée de sources jaillissantes et de grands courants, ou de fleuves alimentés par les vapeurs qui s'arrêtent au sommet des montagnes; mais la Providence divine a voulu que les eaux, outre les sources et les rivières qui les fournissent, appropriées à notre usage, formassent un vaste réservoir qui s'étend d'un continent à un continent, d'un pôle à l'autre. Cet élément liquide et sans consistance se dérobe sous le poids de l'homme, et dans les mers, loin de soulager la soif, il l'irrite par son amertume et sa qualité saumâtre. Quelquefois l'Océan envahit ses rivages, bouleversant et emportant dans ses vagues les travaux qu'on a osé élever sur ses bords ; puis il en rapporte les débris, comme pour insulter à la faiblesse humaine. Néanmoins les désastres qu'il produit ne sont qu'accidentels, tandis que ses bienfaits sont constants et généraux.

L'Océan est donc cette vaste étendue d'eau qui couvre la surface du globe du nord au sud et de l'est à l'ouest, de telle sorte qu'un vaisseau, en avançant toujours, revient, en tournant les obstacles qu'il rencontre, au point d'où il était parti. Les continents et les îles sans nombre qu'enveloppe l'Océan n'en interrompent point la continuité. Les mers sont certaines parties

de l'Océan qui empruntent leurs dénomi-
nations générales aux divers pays qu'elles
baignent. Les subdivisions de ces mers
forment les golfes, les baies, les détroits
qui sont figurés sur nos cartes.

On a calculé que la surface des eaux
répandues sur la terre est d'environ neuf
millions et demi de lieues carrées. Quant
au volume des eaux, il est difficile de l'éva-
luer, même approximativement, parce
que, dans beaucoup d'endroits, la sonde
n'atteint pas le fond; mais, en supposant
que la profondeur moyenne de l'Océan
soit d'un demi-mille anglais ou d'un
sixième de la lieue commune de France, on
trouvera, pour la masse des eaux, un
volume de plus de deux millions trois cent
soixante mille lieues cubiques; en d'autres
termes, les eaux de l'Océan suffiraient pour
combler deux millions trois cent soixante
mille citernes d'une lieue de carré et d'une
lieue de profondeur.

Parmi nos lecteurs, il en est sans doute qui ont visité les bords de la mer, et qui, pour cette raison, se croient en droit de dire qu'*ils ont vu la mer*. Il serait plus exact de dire qu'ils en ont vu une partie infiniment petite. Supposons, dans une campagne, une pièce d'eau de forme irrégulière d'environ une demi-lieue en longueur et en largeur ; quelques fourmis se promènent sur le sable du rivage ; là, elles s'avancent sur un petit cap où l'eau vient baigner leurs pieds : pensez-vous que, dans cette situation, elles puissent découvrir une grande partie de la pièce d'eau ? Et cependant, en proportion, leur vue embrassera plus d'espace que la nôtre lorsque nous contemplons l'Océan, même d'un lieu élevé. En effet, le lac peut être considéré comme une surface plane, tandis que celle de l'Océan est sphérique comme la terre elle-même ; circonstance qui borne nécessairement l'horizon de l'observateur.

L'idée de la mer dans son imposante étendue confond l'esprit, comme l'idée de l'infini. Loin des côtes, et par un temps calme, elle offre un spectacle monotone ; mais, dans ses moments de fureur, les marins associent le sentiment de sa puissance à celui du danger, et, dans nulle autre circonstance peut-être, l'homme n'est appelé à faire sur lui-même un retour aussi solennel et aussi religieux.

En général, nous sommes portés à juger des choses plutôt par ce qu'elles nous paraissent que par ce que l'étude pourrait facilement nous en apprendre. C'est ainsi que bien des personnes, qui ne manquent d'ailleurs ni de sagacité ni de jugement, se font l'idée la plus fausse de la grosseur de la terre. Rien de plus utile cependant que d'appliquer son intelligence à la contemplation des scènes naturelles pour parvenir à les comprendre telles qu'elles sont en réalité. Ces efforts successifs, que sou--

tient un intérêt toujours nouveau, celui de la vérité, nourrissent et développent l'esprit, et l'élèvent au dessus des futilités au milieu desquelles tant de personnes passent leur existence entière.

Nous avons vu précédemment que les eaux de la mer sont salées ; ce qui les distingue des eaux de source et de rivière, qui, en général, n'ont aucune saveur. Cette propriété a été attribuée à diverses causes : quelques physiciens ont prétendu que de vastes couches et des montagnes de sel gisent au fond de l'Océan ; d'autres pensent que les fleuves, qui, depuis tant de siècles, emportent à la mer les détritus de végétaux et d'animaux qui tous contiennent une certaine quantité de sel, sont les véritables agents de ce phénomène. Dans cette hypothèse, les corps se décomposent par l'action dissolvante des eaux ; l'évaporation ne leur enlève que des parties qui constituent l'eau potable, pour les rendre à la terre sous la forme de pluie ou de courants. Que ces causes agissent isolément ou concurremment, c'est ce que la science n'a pas encore résolu ; mais nous en déduirons cette remarque, que la nature est un vaste laboratoire où tout se combine à l'infini, selon les règles constantes qui perpétuent dans leurs propriétés et dans leur ensemble les œuvres du Créateur.

Si la cause des phénomènes se dérobe souvent aux investigations de l'homme, leur fin, c'est à dire leur utilité, suffit pour nous faire admirer la sagesse providentielle. Le sel renfermé dans l'eau de la mer la préserve de ces altérations nuisibles auxquelles l'eau potable est exposée ; il prévient en outre la congélation de ces grands réservoirs, si ce n'est sous les latitudes rapprochées des pôles.

Ainsi presque toutes les parties de l'Océan sont ouvertes à la navigation et au commerce. Cependant comme l'eau de

Le Calme.

mer n'est pas potable, et qu'elle est non-seulement nauséabonde mais nuisible , prise en certaine quantité, les marins, et même ceux qui sont nés sur mer, doivent se munir d'eau douce.

La disette d'eau n'est pas moins à redouter que le manque des autres aliments; on a recours, pour s'en procurer, à différents expédients. On étend des draps pour recueillir l'eau de pluie ou de rosée; quelquefois on fait bouillir l'eau de mer pour en utiliser la vapeur. Ce n'est que lorsque le tourment de la soif devient intolérable que les marins boivent de l'eau de mer; ils savent que la mort s'ensuit immédiatement.

L'aspect général de la mer varie suivant l'état atmosphérique et l'heure de la journée, mais il conserve toujours un caractère de grandeur, soit que le soleil du matin revête d'une teinte argentée le niveau de l'horizon, soit que, près de disparaître, ses rayons brisés par les vagues semblent s'y allumer comme les flammes d'un vaste incendie; mais rien n'égale la beauté de ce spectacle dans les nuits polaires, lorsque quelque aurore boréale fait briller la surface des eaux d'une transparente et tranquille lumière. La couleur de la mer est ordinairement d'un gris pâle et bleuâtre, mais le moindre souffle de vent, la réflexion du ciel, la présence d'un nuage, celle des animaux ou des végétaux qu'elle recèle, la nature même du fond, lui donnent occasionnellement des teintes qu'il serait impossible d'indiquer avec précision.

Quelquefois elle devient lumineuse; et c'est pendant la nuit que se manifeste surtout ce phénomène. On la voit briller en quelques endroits aussi loin que le regard peut s'étendre; parfois l'eau ne devient lumineuse qu'en se heurtant contre les flancs du navire, ou lorsqu'elle est battue par l'aviron. Dans quelques mers ce spec-

tacle est plus fréquent que dans d'autres ;
il en est où il se manifeste lorsque certains .
vents soufflent ; il en est enfin où l'on ne
l'observe que sur une échelle plus réduite.

Le capitaine Bonnycastle, en remontant
le golfe de Saint-Laurent, fut témoin de ce
phénomène, mais avec des circonstances
tout à fait surprenantes. C'était le 7 septembre 1826. A deux heures du matin, le
pilote en second vint, tout alarmé, éveiller
le capitaine. Le ciel était étoilé, mais tout
à coup il parut chargé dans une certaine
direction, et une lumière soudaine et
brillante, ressemblant à une aurore boréale, sortit de la mer ; cette lumière était
si vive qu'elle éclairait tous les objets,
même jusqu'au sommet du mât. Le contre-
maître, après avoir donné l'alerte, mit la
barre dessous, diminua de voile, et mit
tout l'équipage à l'œuvre. D'un rivage à
l'autre, la mer était toute lumineuse, et les
eaux, jusqu'alors paisibles, commencèrent

à s'agiter. Les marins de l'équipage affir-
maient qu'ils n'avaient jamais rien vu de
semblable. A cette clarté on distinguait une
foule de gros poissons dont les mouvements
rapides semblaient annoncer la perplexité.
Le jour parut et le soleil se leva ; son disque
était tout en feu. Le capitaine fit tirer un
seau de cette eau ; elle offrait l'aspect d'une
masse lumineuse dès qu'on l'agitait avec
la main ; on en mit une partie dans un
vase découvert ; elle conserva pendant
quelques jours, mais à un moindre degré,
cette qualité phosphorescente.

On a essayé d'expliquer la cause de ce
phénomène, que l'on attribue soit à des
myriades de petits animaux dont le corps
a la même propriété que celui du ver-
luisant, soit enfin à la radiation de quelque
matière phosphorique, telle que celle qui
émane du maquereau et de quelques autres
poissons lorsqu'on les observe pendant la
nuit. Dans tous les cas, la radiation, qui

augmente par le mouvement imprimé à l'eau, révèle suffisamment la présence d'un fluide phosphorique. Les marins pensent que lorsque la mer devient ainsi lumineuse, c'est le signe d'une tempête prochaine.

Quelque intéressantes que soient les scènes qu'offre la surface de la mer, il est probable que ce qui se passe dans les profondeurs de ses abîmes exciterait encore à un plus haut degré la curiosité, si ces retraites n'étaient impénétrables aux investigations de l'homme. Cependant, à l'aide d'un appareil ingénieux, on parvient à dérober à la mer quelques-uns de ses secrets et même une partie des richesses qu'elle recèle ou qu'elle avait englouties. Cette machine, dont nous donnons le dessin à la page suivante, s'appelle la cloche du plongeur.

CLOCHE DU PLONGEUR

La propriété de cet appareil sera facilement comprise si l'on fait l'expérience suivante. Placez un morceau de liége sur la surface d'un bassin rempli d'eau; faites plonger dans le liquide les bords d'un verre renversé, en y renfermant le liége, qui, à cause de sa légèreté spécifique, flottera à la surface ; enfoncez avec précaution le gobelet, vous verrez le niveau de l'eau s'abaisser successivement sous le tube, tandis qu'il s'élèvera à l'entour des parois extérieures ; dans cette opération, le liége descendra en même temps que le liquide qui le supporte, et, malgré l'immersion complète du verre, la partie supérieure du liége n'aura point été mouillée. Le même résultat aura lieu à quelque profondeur que l'on fasse descendre l'appareil. L'air légèrement refoulé vers le fond du tube empêche l'eau de monter, de sorte qu'une mouche pourrait rester à sec sur le liége ; cependant, l'air ainsi comprimé cesse d'être propre à la respiration ; et, dans cette position, tout animal qui ne serait point rendu à l'air atmosphérique serait suffoqué en peu de temps. Une coquille de noix mise à flot dans le bassin, sur sa quille, rendrait cette preuve de la résistance de l'air encore plus sensible ; le gobelet renversé qui l'enfermerait pourrait être plongé dans le bassin aussi profondément que possible, sans qu'un seule goutte d'eau entrât dans cette petite embarcation.

On a construit des cloches à plonger assez spacieuses pour contenir cinq personnes ; le nom de ces appareils en indique généralement la forme ; cependant on en a essayé de carrés comme un échiquier. Le docteur Gothodon descendit, en 1821, dans un appareil de cette dernière forme ; il était d'une seule pièce de fonte. La partie supérieure, ou le toit, était percée de plusieurs fenêtres rondes formées d'une glace très-épaisse et fermant hermétiquement. Un tuyau communiquait à la surface de l'eau et à l'intérieur de l'appareil ; une pompe pneumatique forçait l'air extérieur à descendre par ce conduit pour renouveler celui de l'intérieur de la machine. Laissons parler l'expérimentateur : « Nous descendîmes si lentement que nous ne nous aperçûmes du mouvement de la cloche que lorsqu'elle fut plongée dans l'eau ; alors nous ressentîmes autour des oreilles et sur le front une sorte de pression ; mon compagnon souffrit de ce malaise à un tel point, que nous fûmes obligés de nous arrêter pendant quelque temps. Enfin nous recommençâmes à descendre ; je vis mon compagnon pâlir ; ses lèvres surtout étaient décolorées, comme s'il eût été près de tomber en défaillance. Quant à moi, j'éprouvai autour de la tête une forte pression, assez semblable à celle que produit une couronne de fer ; mais sans m'en trouver autrement incommodé. Cependant ma voix cessait d'être sonore, et quoique je parlasse aussi haut qu'il m'était possible, je pouvais à peine en distinguer les sons. »

La pression dont nous venons de parler

peut s'expliquer de la manière suivante. Sans la portion d'air qui lui faisait obstacle, l'eau eût nécessairement rempli toute la cavité du tube : l'effort que faisait le liquide pour se mettre de niveau réduisait donc l'air intérieur à un espace moindre que celui qu'il occupait auparavant, et cet air ainsi comprimé exerçait une pression analogue sur les personnes placées dans la cloche : de là le malaise qu'elles éprouvaient. L'une d'elles avait mis dans ses oreilles deux balles de papier; elles pénétrèrent si profondément par l'action de l'air, qu'un chirurgien ne put les extraire qu'avec beaucoup de difficulté. On expliquerait par la même cause pourquoi la voix devenait presque insonore. D'abord l'air pénétrant par l'ouverture de la bouche gênait les sons à l'instant de l'émission; ensuite la portion d'air qui produisait ces sons affaiblis avait à parcourir un milieu plus dense; enfin l'organe de l'ouïe, ou le tympan, fortement distendu par une pression constante, devait perdre une grande partie de son élasticité et de ses propriétés de répercussion.

Le docteur Halley, qui descendait dans une cloche à plongeur pour faire des expériences scientifiques, pénétra à une profondeur d'environ cent toises. Par un beau soleil et une mer tranquille, il pouvait lire et écrire, et distinguer les objets qu'il voulait ramasser au fond. Mais quand l'eau était trouble, il était obligé d'allumer une chandelle, circonstance qui, tout extraordinaire qu'elle paraisse, ne l'est pas plus cependant que de vaquer à des observations scientifiques à trois cents pieds au dessous du niveau de l'Océan. Il est à remarquer que la mer, qui, vue d'en haut, offre une teinte grisâtre, paraît d'un rouge foncé lorsqu'on la regarde de bas en haut, et qu'elle projette une teinte rougeâtre sur tous les objets. La raison en est que, des

couleurs primitives dont se compose la lumière, le rouge pénètre seul à cette profondeur. Il est probable que plus bas encore
cet effet cesse, et qu'il règne une obscurité
totale. Les plongeurs affirment que lorsque
les vents amoncellent les vagues à la surface de l'Océan, les eaux du fond restent
calmes. Le froid paraît aussi plus intense à
mesure que l'on descend, de sorte qu'à une
certaine profondeur, il devient intolérable.
Ce n'est pas que la température réelle y
soit plus rigoureuse que celle des hivers des
régions tempérées; mais la pression de l'air
en rend l'effet plus sensible.

En général, les cloches à plongeur n'ont
été employées que pour sauver des eaux
quelques-uns des effets perdus dans les
naufrages, ou pour explorer le lit des
rivières; opération indispensable lorsqu'on
est dans l'intention de construire certains
ouvrages, tels que des ponts, des jetées,
etc. On a fait usage d'une cloche à plon-

geur dans la Tamise pour reconnaître l'ouverture à travers laquelle l'eau avait fait
irruption dans le tunnel.

Nous ne devons pas négliger de signaler
à nos jeunes lecteurs un fait remarquable,
en ce qu'il semble contrarier les lois générales de la pesanteur. Les corps pesants,
employés comme sondes, descendent rapidement à partir de la surface de la mer;
mais, au bout d'un certain temps, leur
mouvement de haut en bas semble cesser
longtemps avant qu'ils n'aient atteint le
fond. On en donne pour raison la pression
de l'eau, qui, à une certaine profondeur et
en raison de la pesanteur du corps, réagit
de manière à le soutenir en équilibre, mais
cette explication ne résiste point à un examen attentif. En effet, si la pression de l'eau
suffisait pour suspendre des corps pesants
au milieu de l'abîme, il faudrait en con-
·clure qu'il ne pourrait se trouver au fond
de la mer, dans les endroits que la sonde

n'a pu atteindre, que des blocs énormes, tous les autres corps, tels que coraux, galets, sable, etc., devant nécessairement obéir à la même loi qui les suspendrait au sein de la mer. Or personne, je pense, ne voudrait défendre cette assertion. Mais, dira-t-on, pourquoi la sonde cesse-t-elle de descendre, quoiqu'elle n'ait point encore atteint le fond ? C'est que la sonde est composée de deux parties d'une nature bien différente : d'une masse de métal, le plus souvent de plomb, et d'un cordage qui surnagerait à la surface sans le poids qui l'entraîne. Qu'arrive-t-il donc ? La corde oppose une résistance au plomb, et cette résistance étant plus grande à mesure qu'on a laissé filer plus de corde, il doit nécessairement arriver un instant où elle neutralise l'effet de la pesanteur et tient le corps en équilibre. Nos lecteurs pourraient faire cette expérience en attachant une épingle à un bout de fil, et en essayant de faire descendre l'appareil au fond d'une carafe.

Quoi qu'il en soit de la cause, l'obstacle n'en est pas moins réel. Il est des limites que l'homme ne pourra jamais franchir; et, de même qu'il ne saurait s'élever en ballon au delà de certaines limites, faute d'air respirable, de même aussi il lui faut s'arrêter, soit qu'il veuille sonder les gouffres de l'Océan, soit qu'il essaie de creuser dans les entrailles de la terre.

Il est certain, au reste, que la configuration générale du lit de l'Océan ressemble à celle du continent : il s'y trouve des montagnes, des vallées, des collines, des bancs de roc, des précipices, des cavernes et des grottes. Un grand nombre de ces îles dont la mer est parsemée ne sont que les sommets de montagnes que l'eau laisse à découvert. Les parties inaccessibles à la sonde sont sans doute des vallées, ou des fissures, ou des plaines profondément encaissées, tandis que les écueils ou les bas-fonds que l'on trouve près des rivages ne sont que les approches de ces éminences que nous appelons la TERRE.

Dans les régions polaires, la mer se présente sous un aspect qui diffère entièrement de celui qu'elle offre sous les autres latitudes. La glace y flotte sous la forme d'îles ou de montagnes. Quelques-unes de ces masses surpassent en étendue un grand nombre des îles figurées sur nos cartes; il en est qui s'élèvent à plus de mille pieds au dessus du niveau de la mer, et qui ont plusieurs lieues d'étendue. Plus généralement, elles se succèdent, et forment comme une chaîne sur un espace de plusieurs degrés. Les marins redoutent bien plus les glaces à fleur d'eau que celles qui s'élèvent au dessus de la mer : il est possible à un vaisseau d'éviter ces dernières, qu'on aperçoit de loin ; mais il peut se trouver surpris au milieu des autres, et y être retenu assez longtemps pour que l'équipage périsse de faim, ou pour être brisé en mille pièces entre ces masses flottantes.

Une montagne de glace est ordinairement d'un vert pâle; quelquefois elle prend une teinte grise ou noirâtre. Cette glace est mélangée de terre, de pierres et de broussailles détachées du rivage. On trouve fréquemment sur les escarpements de ces vastes glaçons des nids d'oiseaux avec leurs œufs, quoiqu'à une distance considérable de la terre. Ils n'ont probablement atteint une telle hauteur que graduellement, les neiges et les pluies s'y congelant sans cesse; et quelques-uns sont peut-être aussi anciens que le monde. Nous aurons occasion de revenir sur ce sujet.

# CHAPITRE II

---



On a tout lieu de croire que, si l'Océan était privé de ses mouvements périodiques, il deviendrait bientôt, malgré le sel dont il est imprégné, une masse d'eau insalubre. Les marins ont remarqué qu'à la suite d'un calme de plusieurs jours, l'eau de la mer commençait à se corrompre, et que ses exhalaisons n'étaient pas sans danger pour l'équipage.

Les mouvements imprimés aux eaux de la mer sont donc nécessaires. Aussi la Providence a voulu que quelques-uns fussent constants, les autres accidentels. Ces déplacements prennent les noms de *marée*, de *courants*. Il en est que produit le vent, soit qu'il ride légèrement la surface des eaux, soit qu'il les soulève en vagues immenses. Il y a encore les tourbillons, les jets d'eau, les tremblements de terre au dessous du lit de l'Océan, l'évaporation qui a lieu à sa surface et le tribut continuel que lui apportent les nuages et les fleuves.

Il n'est pas rare de voir la mer franchir ses limites, abandonnant une partie de son domaine pour envahir de nouveaux rivages. A la suite de révolutions sous-marines, des îles surgissent tout à coup, tandis que d'autres disparaissent. Nous considérerons séparément ces divers phénomènes.

Les eaux de la mer, obéissant à une force

invisible, mais constante, s'avancent pendant un certain nombre d'heures du sud au nord. Tant que dure ce mouvement de progression, elles s'enflent et s'élèvent assez sensiblement pour arrêter à leur embouchure l'écoulement des fleuves. Cette première phase de la marée, qu'on appelle *marée haute, marée montante* ou *flux,* dure pendant six heures. Au bout de ce temps, la mer semble rester à l'état de repos durant un quart d'heure environ ; après quoi les eaux redescendent pendant six autres heures, et les fleuves reprennent leur cours. Cette seconde phase, périodique et régulière comme la première, s'appelle *marée descendante, marée basse* ou *reflux.* Ce mouvement est encore suivi d'un quart d'heure de repos, après lequel le *flux* recommence, et ainsi de suite alternativement. On voit que la mer avance et recule deux fois par jour, mais pas exactement à des heures correspondantes, à cause des repos alternatifs : de telle sorte que les marées du jour sont en retard d'environ trois quarts d'heure sur celles de la veille.

A quel pouvoir, à quelle influence attribuerons-nous ce phénomène? L'action des vents lui est étrangère : il faut donc chercher une autre cause. Rappelons-nous que la terre tourne exactement sur elle-même en vingt-quatre heures. Ainsi, ce mouvement de rotation ne correspond point au déplacement périodique des eaux. Voyons si la lune ne nous donnerait pas le moyen de résoudre le problème. En effet, un jour lunaire est précisément de douze heures quarante-huit minutes , c'est à dire que cet astre est chaque jour en retard de quarante-huit minutes avant d'atteindre le même point apparent du ciel où il a été observé la veille. Nous voyons donc qu'il y a pour le temps une correspondance parfaite entre les mouvements lunaires et ceux des marées. On a observé en outre que les

effets de ces marées varient suivant les différents aspects de la lune. Ces rapports suffiraient pour nous faire admettre, en ce qui
regarde le flux et le reflux, l'influence de
notre satellite, quand même d'autres causes
ne viendraient pas à l'appui de cette déduc-
tion. La loi de la pesanteur, qui fait que
nos corps tendent vers la terre, étant générale dans la nature, il en résulte, que la
lune attire les eaux de notre planète malgré
l'éloignement, et que l'attraction terrestre
ne suffit pas pour neutraliser entièrement
cet effet.

L'eau, par sa nature, est particulièrement propre à manifester les effets de cette
influence; réunie en volume considérable,
elle cède à l'attraction de la lune, et s'élève
ou retombe, selon que le mouvement de la
terre la soumet ou la dérobe à l'action
attractive de cet astre. Le soleil, quoique
éloigné de notre globe d'environ 34 millions de lieues, conserve néanmoins une

certaine force d'attraction ; et lorsque le soleil et la lune sont, par rapport à la terre, dans une même direction, les marées sont plus considérables.

La Méditerranée, la mer Noire et d'autres réservoirs encaissés dans leurs rivages, ne sont point soumis aux phénomènes des marées au même degré que les grandes mers. Aussi les anciens, qui naviguaient rarement dans l'Océan, ignoraient les effets du reflux ; et la surprise des soldats d'Alexandre dut être grande, lorsqu'ils virent les eaux de l'Indus, à son embouchure, s'élever et s'abaisser alternativement d'une trentaine de pieds. L'effet des marées est surtout sensible quand l'embouchure des fleuves est considérable, et que leur courant a la même direction que la mer elle-même. A Chepstow, dans le Monmouth-shire, la marée s'élève à une hauteur perpendiculaire de soixante pieds.

La mer a des mouvements d'une autre

nature qu'on appelle courants. Ils cou-
lent dans toutes les directions et sont
dus à différentes causes , telles que la
proéminence du rivage, l'espace resserré
des détroits, les variations des vents et l'iné-
galité du fond. Souvent les courants offrent
de grands dangers aux marins, soit qu'ils
les entraînent insensiblement loin de
leur direction , soit qu'ils les portent
contre des écueils. Sur les côtes de la
Guinée, si un vaisseau dépasse l'entrée
d'une certaine rivière, il est empêché par
le courant de s'en rapprocher, de telle sorte
qu'il est obligé de prendre le large et de
faire un grand circuit pour revenir au point
dont la dérive l'avait éloigné. Les courants
les plus remarquables sont ceux qui
règnent dans la Méditerranée, au détroit
de Gibraltar, et à l'issue de la mer Noire,
lorsqu'on entre dans l'Archipel. Outre les
eaux qui se déversent ainsi dans la Méditerranée , cette mer reçoit encore des

fleuves considérables, comme le Nil, le Rhône et le Pô; et cependant elle n'a point d'écoulement connu, et cet accroissement continuel ne lui fait point submerger ses bords. On a essayé de rendre raison de ce phénomène, et on l'explique par des circonstances probables. On a supposé qu'il se trouvait dans cette mer des courants sous-marins, ou que les eaux s'en déversaient par des conduits souterrains. On raconte qu'un Arabe, qui avait pris un dauphin dans la Méditerranée, attacha à ce poisson un anneau de fer et lui rendit ensuite la liberté. Quelque temps après, on prit dans la mer Rouge un dauphin que l'anneau fit reconnaître pour être le même. Mais comme rien ne peut établir la véracité de ce récit, il faut s'en tenir aux conjectures.

Les courants les plus dangereux sont ceux qui tournent autour d'un point central, et forment une espèce d'entonnoir

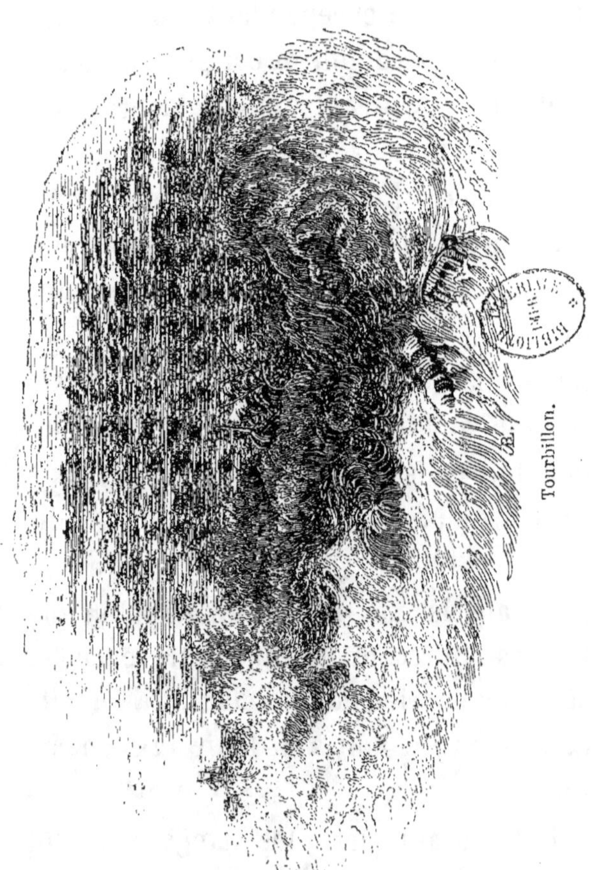

Tourbillon.

où tout ce qui flotte est entraîné dans un abîme : c'est ce qu'on appelle un tourbillon. Celui de Maelstrom, sur la côte de la Norwége, est réputé le plus terrible. La masse d'eau qu'il déplace forme un cercle de quatre lieues de circonférence. Au milieu s'élève un rocher contre lequel, à la marée montante, les flots viennent se briser avec une assez grande violence : alors le tourbillon engloutit immédiatement tout ce qui se trouve dans sa sphère d'activité, arbres, charpentes, navires. Ni l'effort des rames, ni les manœuvres ne peuvent soustraire les navigateurs à ce péril. Le pilote s'aperçoit bientôt que le bâtiment marche dans une direction contraire à celle qu'il doit suivre; le mouvement du vaisseau, d'abord assez faible, devient de plus en plus rapide; il décrit des cercles de plus en plus petits, jusqu'à ce qu'il aille se mettre en pièces contre les rochers pour disparaître entièrement, si ce n'est lorsque le reflux en rejette les débris. Les animaux eux-mêmes ne peuvent se soustraire à la voracité de ce tourbillon ; on en a vu lutter et pousser des mugissements terribles à l'approche du gouffre, comme s'ils avaient le sentiment du danger : c'est ce qui arrive fréquemment aux ours qui essaient de passer à la nage dans l'île voisine pour y devorer le bétail. On assure que le bruit du tourbillon de Maelstrom ressemble à celui du tonnerre.

La nature et la position géographique de ces écueils étant connues, les navigateurs peuvent les éviter ; mais souvent ils ont à lutter contre les mouvements irréguliers de la mer que lui impriment les vents et les tempêtes. Si la force du vent déracine de grands arbres et renverse les édifices les plus solides, combien ne doit-elle pas être terrible lorsqu'elle s'exerce sur l'Océan ! Elle amoncelle vagues sur vagues, et creuse des gouffres sans fond à côté de ces montagnes liquides ; les mâts, les voiles,

les agrès sont souvent arrachés et mis en pièces, le vaisseau est renversé sur le côté ; et, dans ces moments terribles, il semble qu'un miracle seul puisse arracher l'équipage à une destruction certaine.

Cependant, les tempêtes, même les plus violentes n'effraient guère les marins expérimentés, pourvu qu'ils soient en pleine mer et qu'ils n'aient point à craindre les rochers, les écueils et les bas-fonds. Le bâtiment peut être suspendu, presque au même instant, au sommet d'une vague et descendre dans les profondeurs de l'abîme, il peut être comme submergé dans l'écume des flots, et cependant résister à toutes ces épreuves, parce que l'eau cède en l'assaillant ; mais lorsqu'il est porté de tout son poids contre un roc, ou bien lorsqu'il est dans une position à devenir un obstacle aux vagues, sa perte est indubitable et prompte. Les écueils et les récifs, ou roches à fleur d'eau, occasionnent le plus grand nombre

des naufrages. A ce propos, nous rapporte-
rons à nos jeunes lecteurs les relations sui-
vantes, qui ne pourront manquer de les in-
téresser.

Il y a déjà bien des années, le gouvernement anglais avait envoyé le vaisseau *la
Bonté* dans la mer du Sud pour y chercher
quelques plants de l'arbre à pain qui croît
à Otahiti ; il devait les transporter dans les
colonies anglaises des Indes occidentales.
Les arbres étaient embarqués, et le vaisseau cinglait vers sa destination, lorsque
l'équipage se mutina et força le capitaine,.
avec dix-huit hommes, d'entrer dans une
chaloupe. On abandonna ces malheureux
à leur sort. Le poids de leur corps, celui
des objets qu'on leur avait permis de prendre avec eux mettaient l'embarcation en
danger d'enfoncer à la moindre agitation
de la mer ; la terre la plus voisine où ils
pussent espérer du secours était à quinze
cent lieues de distance ; et en calculant le

temps nécessaire pour faire cette traversée, leurs provisions se bornaient, pour un jour et par tête, à une once de pain et à une demi-chopine d'eau; par extraordinaire ils pouvaient encore prétendre à un peu de viande de porc et à quelques gouttes de rhum. Avec de si faibles ressources, il était probable qu'ils ne pourraient supporter les fatigues d'une si longue navigation. Quand ils prenaient à la main quelque oiseau, on le partageait en dix-neuf portions que l'on dévorait toutes crues. Cependant ils parvinrent à aborder dans l'île de Timor, où ils trouvèrent toutes sortes de secours dans les établissements européens, qui leur fournirent les moyens de retourner en Angleterre.

— Cependant les mutins s'étaient établis dans une des îles de la Société, où la loi anglaise ne tarda pas néanmoins à les atteindre. A leur retour à Londres, quelques hommes de l'équipage de la *Bonté* portèrent leur plainte, et le gouvernement envoya la *Pandore* à la recherche des révoltés. Le voyage de ce vaisseau fut presque aussi désastreux, quoique par des causes différentes; le capitaine réussit à s'emparer de quatorze des criminels, mais il fit naufrage à son retour, sur la longue chaîne de récifs qui s'étend sur la côte orientale de la Nouvelle-Hollande, et dans le voisinage desquels les courants sont ordinairement d'une grande violence.

La trombe est une autre espèce de phénomène qui se manifeste plus rarement en mer, et dont l'effet peut être funeste aux navigateurs. On voit d'abord se former comme un nuage épais, blanc à sa partie supérieure, et d'une teinte sombre en dessous. Une espèce de tube ou de colonne en descend, en diminuant de volume vers la base. Ce cône tourne rapidement sur lui-même avec un bruit qui parfois ressemble à celui d'un moulin. Une trombe dure jus-

qu'à ce qu'un coup de vent, ou quelque autre
cause accidentelle vienne la briser; alors
l'eau, qui s'était élevée en bouillonnant,

LA TROMBE

retombe tout à coup avec une force suffi-
sante pour submerger le vaisseau qui se
trouverait à sa base. Quand les marins

aperçoivent de loin une trombe, ils tirent sur elle un coup de fusil chargé de chevrotines, ce qui dissipe au même instant le phénomène. Cet effet peut être attribué à l'air, qui, tournant en colonne cylindrique, agit sur l'eau comme le ferait une pompe aspirante; on comprend que, lorsque une rupture dans le tube y laisse pénétrer l'air extérieur, l'eau, obéissant à la loi générale de la pesanteur, doit retomber dans la mer.

Quelquefois la mer abandonne une certaine étendue de ses rivages pour envahir d'autres domaines : une grande partie du continent américain annonce que les eaux y ont fait un long séjour; les vastes plaines qui s'étendent dans la Russie méridionale, au nord et à l'est de la mer Caspienne, sont couvertes de plantes marines, ce qui fait supposer qu'à la suite de quelque grande inondation, la Méditerranée, la mer Noire et la mer Caspienne formaient un vaste lac, d'où les cimes du Caucase s'élevaient comme des îles.

Les tremblements de terre agissent quelquefois au dessoùs de l'Océan, et les éruptions soulèvent au dessus de sa surface les matières qui étaient cachées au fond de l'abîme. Les mêmes causes font refluer les eaux de la mer sur quelques parties du continent.

En 1831, on vit s'élever tout à coup une île sur les côtes de la Sicile. Elle était remarquable par la hauteur de ses escarpements, d'où s'échappaient des vapeurs et de la fumée. C'était probablement le cratère d'un volcan formé par quelques feux souterrains. Au bout de plusieurs mois cette île s'enfonça peu à peu, et aujourd'hui elle forme un écueil à quelques pieds au dessous de la surface de l'eau. Plusieurs pays habités ont été conquis sur les domaines de l'Océan. Tel est le sol de la Hollande. Cependant la mer ne manquerait pas de le couvrir sans les digues et les jetées qui la retiennent dans ses limites. La surface de la terre est en général au dessous du niveau des eaux; aussi, lorsqu'on approche des côtes, elle paraît s'enfoncer comme une vallée. Quant au sol de la Hollande, il semble s'élever d'année en année, exhaussé par les détritus que charrient les rivières et par les travaux de l'homme. Les inondations sont un des fléaux les plus terribles de la nature; quelquefois elles engloutissent des provinces entières; des villages, des bourgades ont ainsi disparu, laissant paraître au dessus des eaux le toit des édifices et les flèches des clochers, en témoignage de leur désastre. Au onzième siècle, les propriétés du comte Godwin, dans le pays de Kent, ont été entièrement submergées. En 1546, les eaux ont fait périr environ cent mille personnes dans le territoire de Dort, et un nombre plus considérable encore aux environs de Dullast. Dans la Frise et la

Zélande, plus de trois cents villages furent engloutis, et il y a quelques années, quand le temps était serein, on pouvait encore en distinguer les ruines au fond de la mer.

# CHAPITRE III

———

## HERBES MARINES

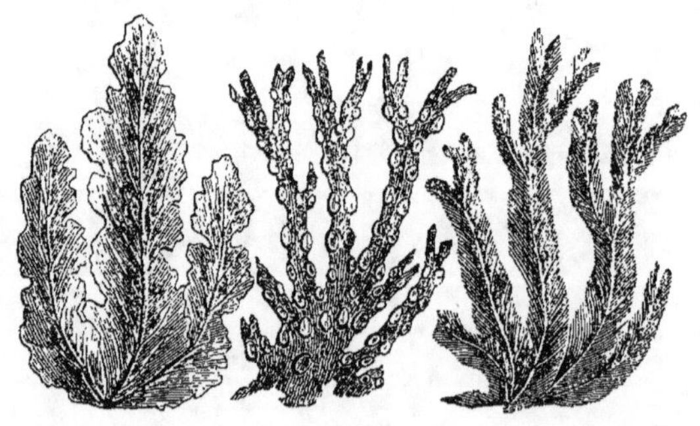

Parmi les productions de l'Océan, il en
est qui ont embarrassé les naturalistes.

Sont-elles douées d'existence ? sont-elles formées de créatures vivantes ? faut-il les ranger parmi les végétaux, ou forment-elles une classe qui sert de transition entre le règne animal et le règne végétal ?

Si nous examinons le fond de la mer dans certains endroits, et particulièrement à l'embouchure des rivières, nous y distinguerons comme une forêt d'arbres, comme des millions de plantes poussant leurs rameaux dans toutes les directions, les entrelaçant, et quelquefois si serrées les unes contre les autres, que la navigation en est obstruée. Les bords du golfe Persique, la plus grande partie de la mer Rouge, et les côtes occidentales de l'Amérique abondent tellement en coraux, que les bateaux et les nageurs ont beaucoup de peine à y avancer, tandis que les vaisseaux ne le peuvent faire qu'en brisant l'obstacle. Ces bosquets sous-marins varient à l'infini dans leur aspect ; quelquefois les plants de corail s'élèvent comme des arbres dépouillés de feuilles, parfois ils s'épanouissent en éventail ou offrent l'aspect d'un fagot de broussailles. Il en est qui ressemblent à un végétal orné de feuilles et de fleurs, tandis que d'autres représentent la ramure d'un cerf.

Dans certaines parties de la mer on trouve des éponges de différentes espèces, présentant les formes les plus bizarres, telles que des champignons, des mitres, des couronnes et des vases. Ces productions semblent appartenir au règne végétal, et on en a vu pousser des branches dans l'espace d'une année. Les naturalistes ont cru longtemps qu'ils pouvaient ranger ces substances parmi les productions végétales; plusieurs ont affirmé que c'étaient des plantes marines ayant leurs fleurs et leurs graines comme celles qui croissent sur la terre. Cependant cette opinion a dû céder devant un grand nombre de faits, d'où il résulte que les éponges et les coraux sont produits par des

animaux qui réunissent leurs travaux mi-
croscopiques, de telle sorte qu'ils parvien-
nent à envahir certaines portions de la mer,
et qu'ils y forment des îles assez solides
pour que l'homme y puisse établir sa rési-
dence. Les récifs, les écueils, qui offrent

CORAUX

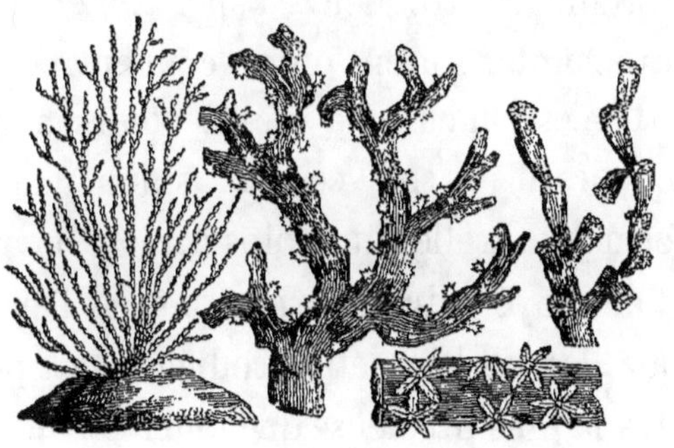

tant de dangers à la navigation, sont souvent formés de madrépores ou de coraux.
Le madrépore à piquants, qui ressemble

assez au corail, abonde dans les parages du Sud, et forme des couches immenses au fond de la mer.

Le capitaine Cook et d'autres navigateurs rapportent que ces substances les ont quelquefois empêchés de prendre terre, et qu'elles s'étendaient à une distance de plusieurs lieues. Non-seulement les navires peuvent être jetés sur ces récifs par la violence des vents, mais les câbles, en frottant contre leurs aspérités et leurs tranchants, s'usent ou se coupent.

Il n'est aucun de mes lecteurs auquel le corail ne soit connu, sinon dans sa forme naturelle, du moins comme ouvragé et employé à divers ornements. A l'exception des perles, cette production est peut-être la plus précieuse que fournisse la mer. A l'état brut, le corail offre l'aspect d'un arbrisseau dépouillé de feuilles et dont la tige, haute de cinq à six pouces d'épaisseur, est généralement d'une couleur blanche. Cette substance est aussi dure que le marbre.

Les animaux qui la produisent appartiennent à l'espèce appelée Polypes, et ils sont eux-mêmes dignes de toute notre attention. Leur structure a quelque chose de celle du ver; ils ont un grand nombre de pieds ou d'antennes partant de la même extrémité, ce qui souvent les a fait prendre pour des plantes. Lorsqu'on les coupe en morceaux, les parties vivent et croissent pour devenir autant d'animaux séparés et complets.

A Marseille, en Corse, en Catalogne, la pêche du corail est très-productive. Les parages de la Méditerranée où l'on exploite principalement cette branche d'industrie sont les côtes de Tunis et de Sardaigne, à l'entrée de la mer Adriatique.

L'Angleterre, il y a quelques années, a conclu, avec les puissances barbaresques, un traité qui lui concède la permission de

pêcher le corail sur leurs côtes ; celui qu'on
en tire se transporte à Malte et en Sicile, où
on le travaille en grains et en autres ornements, pour lui donner ensuite différentes
destinations commerciales.

La manière de se procurer le corail est
extrêmement simple. On emploie à cet effet
une machine composée de deux pièces de
bois ou de fer attachées en croix, et autour
desquelles flotte un filet fortement tressé. Un
poids fait descendre le tout ; et l'on tire la
machine le long des rocs où se trouve le
corail ; les branches se brisent et s'attachent
au filet, d'où on les charge dans des bateaux.

Le corail se vend au poids. Les gros
grains valent environ quarante francs l'once, tandis que ceux d'une plus petite dimension n'en valent que quatre.

Il y a des coraux sculptés auxquels le travail ajoute un grand prix ; le plus beau
morceau connu dans ce genre est peut-être

un échiquier avec ses pièces qui se voit au palais des Tuileries. Pour les ornements on fait peu de cas des coraux de couleur blanchâtre.

L'ÉPONGE

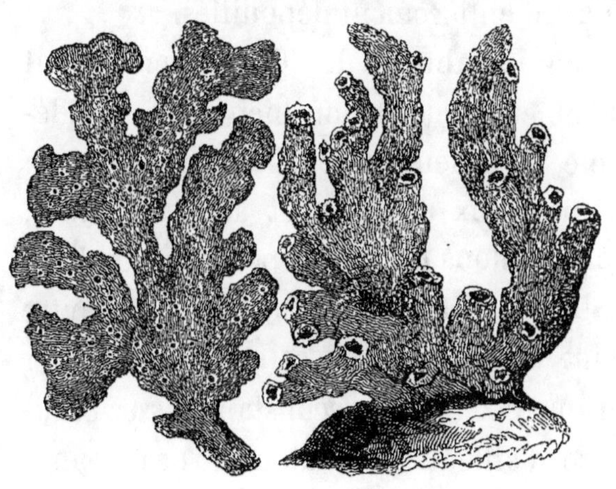

L'éponge est également une substance animale qui se trouve au fond de la Méditerranée.

On la détache des rochers à une profondeur d'environ trente pieds : cette pêche est confiée à des plongeurs que l'habitude rend très-habiles. Cette substance croît si rapidement, qu'il n'est pas rare de trouver des éponges parfaitement formées sur des rochers que peu d'années auparavant on en avait entièrement dépouillés.

Mais les abîmes de l'Océan renferment des objets d'une valeur bien plus considérable; ils ornent les joyaux les plus riches, et jusqu'aux sceptres et aux couronnes. Nous voulons parler des perles que polit la main de la nature, et qui ne donnent d'autre peine à l'homme que celle de les enlever du fond de la mer, circonstance assez périlleuse d'ailleurs pour ajouter beaucoup à leur prix.

Les perles sont des corps presque sphériques qu'on trouve dans la coquille d'une espèce d'huître ou de moule. La formation en est attribuée à une maladie de l'animal,

qui occasionne un calcul ou une protubé-
rance. Les coquilles percées par des vers
et celles où l'on remarque des ponctures,
sont celles qui contiennent les perles, dont
la grosseur varie depuis une tête d'épingle
jusqu'à une forte noisette.

On trouve des perles dans différentes
parties du monde : on en a pêché de très-
précieuses sur les côtes de l'Angleterre;
mais celles que fournit l'Orient sont les
plus recherchées dans le commerce. Un
beau collier de perles, un peu plus petites
que des pois, vaut de quatre à six mille
francs. Le prix diminue rapidement à mesure que les grains sont moins gros. Le roi
de Perse possède une perle évaluée à plus
de deux millions et demi de francs. Celles
qu'on pêche à l'île de Ceylan sont très-estimées.

Il y a deux saisons pour la pêche des perles aux Indes orientales : la première est en
mars et en avril; la seconde en août et en

septembre. A l'ouverture de la saison, on voit paraître sur la mer deux ou trois cents barques, ayant chacune un ou deux plongeurs. Aussitôt que les bateaux sont parvenus à l'endroit où se trouvent les coquillages, chaque plongeur s'attache une lourde pierre qui doit lui servir de lest, tandis qu'un autre poids est lié à un de ses pieds pour l'entraîner au fond. Chacun de ces plongeurs est muni d'un grand filet, fixé à son cou au moyen d'une longue corde, dont une des extrémités est retenue dans le bateau. Il plonge alors à une profondeur qui peut aller jusqu'à soixante pieds. A peine est-il parvenu au fond qu'il court de côté et d'autre, quelquefois sur les aspérités tranchantes des rocs, arrachant les coquillages qu'il rencontre et les entassant dans son sac.

Ces pêcheurs voient assez distinctement pour choisir les coquillages et pour apercevoir les monstres marins, auxquels ils

tâchent d'échapper en troublant la vase.
De tous les périls qui environnent cette pêche, c'est sans contredit le plus grand. On
prétend que les meilleurs plongeurs peuvent rester sous l'eau dix minutes, mais cet
effort épuise les plus robustes. Quand ils
veulent remonter, ils tirent la corde, et on
les hisse dans le bateau avec leur filet, qui
contient de cinquante à cinq cents coquillages ; alors on met les huîtres en tas jusqu'à
ce que le poisson périsse et que la perle
sorte de son écaille.

Nous allons dire maintenant quelques
mots des productions végétales de l'Océan.
Des herbes marines sont déposées sur le rivage à chaque marée ; il en est de très-re-
marquables, bien qu'elles perdent de leur
beauté lorsqu'elles ne se trouvent plus dans
leur élément. Les variétés des plantes marines sont très-nombreuses ; il en est que
les naturalistes désignent sous le nom général de *fucus*. Les naturalistes qui accom-

pagnaient le capitaine Cook ont découvert une plante marine d'une taille extraordinaire, et pour cette raison ils l'ont appelée *fucus giganteus*. Ses feuilles avaient plus d'un mètre de long, et ses tiges un développement de quarante mètres. On en a trouvé depuis qui n'avaient pas moins de deux cent cinquante mètres de longueur.

Le polyschides est néanmoins la plus grande des plantes communes; sa mesure est d'environ trois mètres; sa racine, composée de plusieurs petits crochets, s'attache à la pierre sur laquelle il végète; ces crochets ressemblent assez aux surgeons de la vigne. Les tiges en sont tressées d'une manière singulière, et les feuilles présentent huit compartiments; ces dernières sont très-oblongues. Lorsque la plante flotte dans l'eau, elle offre l'aspect d'une pièce de cuir coupée en plusieurs lanières.

L'*eringo*, ou le houx de mer, croît dans les sables baignés par les eaux; ses racines,

lorsqu'elles ont subi une certaine préparation, sont agréables au goût et jouissent de
plusieurs propriétés médicinales. Cette
plante doit son nom aux pointes qui la pro-
tégent.

Le *fucus vesica* est une plante remplie de
cellules d'air qui la tiennent suspendue;
elle est très-commune, et le sel qu'on extrait de ses cendres s'emploie dans la fabrication du verre et dans plusieurs autres
manipulations. Pour la préparation de ce
sel, on laisse sécher le fucus vesica au soleil et au grand air; ensuite on le jette dans
une fournaise pratiquée sous la terre. Le
sédiment est remué avec un râteau ou une
fourche jusqu'à ce qu'il présente l'apparence d'un liquide consistant comme du fer
fondu. Dans les îles Orcades, les habitants
font un grand commerce de ce sel. Il y a
plusieurs autres espèces de *fucus* qui servent
en Écosse à la nourriture de l'homme et du
bétail.

Il n'est pas rare de voir des îles flottantes
formées par des plantes marines et par
celles qui se détachent des rivages ; elles
s'entrelacent ensemble et apparaissent au
voyageur comme des champs d'une grande
étendue. Les grands fleuves de l'Amérique,
à l'époque de la crue des eaux, entraînent
souvent des portions de leurs rivages couvertes d'arbres majestueux qui, se joignant
à d'autres également emportés par le courant, forment des îles flottantes ou des radeaux redoutés des navigateurs. « Malheur,
dit Humboldt, aux canots qui, pendant la
nuit, vont heurter contre ces radeaux d'arbres entrelacés ! » Ce voyageur célèbre rapporte que les Indiens, lorsqu'ils veulent
surprendre leurs ennemis, attachent ensemble plusieurs embarcations qu'ils recou-
vrent de gazon et de branches ; ce qui les
fait ressembler aux îles dont nous venons
de parler.

Les végétaux et les autres productions de

la mer sont peut-être aussi nombreux et
aussi variés que ceux du continent. La nature les a mis hors de la portée de nos observations : toutefois la description de ce
que l'on en connaît suffirait pour remplir
des volumes. Notre but est uniquement de
donner en peu de mots une idée des productions marines les plus remarquables,
tant pour la grandeur que pour la forme et
pour d'autres circonstances particulières.
Maintenant nous allons nous occcuper
de quelques-uns de ces animaux qui vivent
sous les vagues et qui peuplent l'empire de
l'Océan.

# CHAPITRE IV

## ANIMAUX MARINS

Quoique l'Océan soit le séjour des poissons, tous les êtres qui y vivent ne doivent pas être appelés de ce nom. Les plus gros de ces habitants ne ressemblent aucunement aux poissons proprement dits, et les naturalistes les ont placés, à cause de certains caractères, parmi des genres qui appartiennent plus particulièrement au continent.

En général, les poissons ont des ouïes et ont le sang *froid ;* ils sont munis de nageoires, mais rien dans leur structure ne présente la forme de membres. La plupart sont couverts d'écailles, et leurs yeux sont sans paupières.

Mais les *cétacés* n'ont point d'ouïes : ils respirent, comme nous, par les poumons ; leur sang est chaud, leurs yeux ressemblent à ceux des quadrupèdes, et, comme parmi ces derniers, leurs femelles allaitent leurs petits. En outre, les veaux marins et les walrus ont, comme les animaux terrestres, de véritables pieds, quoique membranés, et ils sont dénués de nageoires. Il y a encore les reptiles et les insectes. Au nombre de ceux-là nous rangerons la tortue, qui fait les délices de nos tables ; et aux derniers appartiennent les homards et les crabes, qui, bien qu'appelés *poissons* assez généralement, ne reçoivent point cette dénomination des naturalistes, qui classent les êtres

en ayant égard à certains caractères distinctifs. Parmi les cétacés, on distingue le narval ou licorne de mer, la grande baleine,
le cachalot, le dauphin, le marsouin et le
grampus.

Le Narval, lorsque sa taille est dévelop-
pée, parvient à une longeur de huit à
dix mètres, non compris l'arme qui lui a
fait donner aussi le nom de licorne : c'est
une sorte de défense longue d'environ deux

à trois mètres, et dont la substance ressemble à l'ivoire. Avec une arme aussi terrible et sa force prodigieuse, le narval serait la terreur de l'Océan du Nord, s'il n'était en général de mœurs assez pacifiques; cependant, s'il est attaqué, il a recours à ce moyen de défense naturelle, et il enfonce son dard avec tant de force, qu'il peut pénétrer la charpente la plus solide d'un vaisseau. On a trouvé des défenses de narval brisées dans des carènes de navire, et on a pris des baleines de la plus grosse taille dans le corps desquelles était enfoncée cette arme redoutable.

Le narval paraît privé des organes de l'ouïe. Il se nourrit de petits poissons, dont il fait une consommation prodigieuse. On le trouve par troupes. De même que les autres cétacés, il donne une grande quantité d'huile. C'est pour se la procurer, ainsi que sa chair, qui est bonne à manger, que les pêcheurs lui font la chasse.

LA GRANDE BALEINE

Cet animal est regardé comme la plus
grande de toutes les créatures vivantes : sa
longueur ordinaire est de cent pieds; on
en a vu qui avaient deux fois cette taille. La
gravure donnera une idée de la forme de
ce cétacé, mais il est difficile, sans l'avoir
vu, de s'en faire une de son énormité. La
tête de la baleine a environ le tiers du
corps entier; sa bouche est aussi grande
qu'une chambre ordinaire, mais le gosier
est comparativement étroit, et les yeux ne
sont pas plus grands que ceux d'un bœuf;
la peau a environ un pouce d'épaisseur :
elle renferme la graisse ou la substance
huileuse, qui a environ un pied de profondeur.

C'est au moyen de sa queue que la baleine avance : ses nageoires font plutôt
l'office de gouvernail, et l'aident à se tourner de côté et d'autre. Naturellement pai-
sible et craintive, elle évite autant que
possible tout conflit et tout danger, et elle
se dérobe à ses ennemis avec une agilité
que sa masse rend surprenante. A peine
s'aperçoit-elle de l'approche d'un bateau,
qu'elle plonge au fond de la mer; mais
lorsque, forcée de remonter à la surface
pour respirer, elle se trouve en danger,
elle fait usage de sa force prodigieuse.
D'un coup de queue, elle peut détruire
une embarcation, et c'est de la même manière qu'elle triomphe quelquefois du narval et de ses autres ennemis. En respirant,
elle lance une grande quantité d'eau par
des ouvertures ménagées au sommet de la
tête; et cela à une hauteur d'environ quatorze mètres. La nourriture de la baleine
consiste en crabes et en menus poissons,

La grande Baleine.

qu'elle avale en grande quantité et tout entiers, car elle n'a pas de dents; mais la substance appelée *barbe de baleine* est disposée, dans l'intérieur de sa bouche, de manière à empêcher sa proie d'en sortir.

Si ces animaux sont d'une grosseur et d'une force qui les mettent à l'abri des attaques de leurs ennemis, cette supériorité physique reste impuissante devant le courage et l'adresse de l'homme. Les marins de différents pays vont les relancer dans les mers du Nord, stimulés par les avantages que leur promet cette pêche dangereuse. Ils guettent et traquent la baleine, qu'ils fatiguent à la fin, la harponnent, et font couler de ses blessures le sang en telle abondance, que la mer en est teinte à une grande distance. Le monstre, avant d'expirer, plonge au fond de l'abîme, mais en vain; les attaques ne cessent que pour se renouveler avec plus d'acharnement, et cette riche prise devient à la fin le prix du courage et de la persévérance.

Les vaisseaux baleiniers sont munis de cinq ou six bateaux, dont chacun est monté par un harponneur. Il y a un homme au gouvernail, un autre pour gouverner la corde, et quatre rameurs. Chaque embarcation, outre deux ou trois harpons et plusieurs piques, est munie de cinq ou six lignes d'une centaine de brasses de longueur et attachées ensemble. Aussitôt que l'on découvre la baleine, on s'approche d'elle pour la harponner aussi profondément que possible; dès que le monstre plonge, on laisse aller la corde attachée au harpon, en ayant bien soin que rien ne l'arrête dans son développement, ce qui pourrait faire chavirer le bateau; et on mouille continuellement le bois où elle glisse, de peur qu'il ne s'enflamme par le frottement.

Quand la baleine est expirée, on l'at-

Glaces polaires.

tache au vaisseau; la graisse est coupée en morceaux carrés, et l'on extrait de sa bouche les barbes qni en garnissent l'intérieur. La langue est si chargée de graisse qu'on en tire de cinq à six barils d'huile. Le corps d'une baleine parvenue à une croissance complète peut peser quatre cent mille livres.

Les Groënlandais se nourrissent de la chair de ce cétacé, et font aussi une grande consommation de son huile. Il est bon de remarquer que, lorsqu'elle est fraîche, elle n'a pas cette odeur désagréable que nous lui trouvons.

En 1814, soixante et seize vaisseaux anglais prirent quatorze cent trente-sept baleines, sans compter les veaux marins, etc. En quatre années, les pêcheurs de la Grande-Bretagne détruisirent cinq mille trente baleines, qui donnèrent cinquante-quatre mille cinq cent huit tonnes d'huile et deux mille six cent quatre-vingt-dix-sept tonnes de barbes.

LE CACHALOT

Ce cétacé est moins gros que la baleine ; cependant il a environ vingt-cinq mètres de long et quinze de circonférence. Sa tête, en proportion, est plus forte que celle de la baleine : elle fait presque la moitié de son corps. La mâchoire inférieure est garnie de fortes dents. L'agilité du cachalot est surprenante : c'est au point que les baleiniers redoutent sa rencontre, malgré l'avantage qu'ils tireraient d'une si riche capture. Les substances précieuses appelées sperme de baleine et ambre gris proviennent du cachalot, qui fournit aussi une quantité considérable d'excellente huile à brûler. Le sperme se trouve dans une cavité de la tête; cependant cette substance n'est pas la cervelle, mais une huile qui, durant la vie de l'animal, est à l'état fluide : elle durcit ensuite et blanchit. Elle est d'un usage fréquent en médecine, et entre dans la fabrication des chandelles. Un seul cachalot peut fournir jusqu'à dix - huit futailles de cette substance. Ces cétacés se rencontrent par troupes. En 1784, trente-deux furent jetés sur les côtes de France. Dans le voisinage, et à une assez grande distance, on entendit leurs mugissements. Ces cachalots étaient tous jeunes et d'une longueur de dix à quinze mètres. Il leur fut impossible de regagner la mer, et ils vécurent ainsi vingt-quatre heures, s'agitant dans les eaux basses, jetant le sable et la vase dans toutes les directions, et lançant des colonnes d'eau à une grande hauteur. Ces animaux sont très-voraces et redoutés même du requin.

## LE DAUPHIN

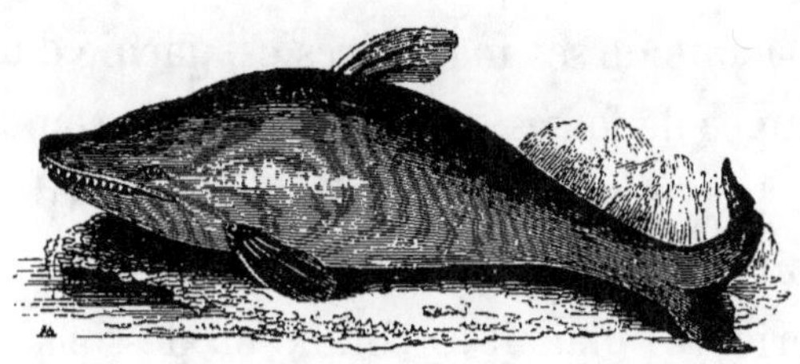

Le dauphin jouissait chez les anciens d'une grande célébrité : on lui prêtait une affection marquée pour la race humaine, et l'on supposait qu'il conduisait au rivage les naufragés. C'est pour ce service imaginaire qu'on le consacrait aux divinités. On voit les dauphins se jouer sur la vague en troupes assez nombreuses, et ce spectacle n'est pas sans intérêt au milieu des

scènes monotones d'une longue navigation. Souvent cet animal est représenté
replié sur lui-même : il est vrai qu'il prend
quelquefois cette forme, quoique la position horizontale lui soit plus familière. Ce
cétacé a trois à quatre mètres de longueur.
Chacune de ses mâchoires est garnie d'une
rangée de fortes dents ; il a sur le sommet
de la tête un orifice unique. Son corps est
noir, d'une teinte bleuâtre à sa partie supérieure ; mais il est blanc en dessous. On
le trouve au large dans presque toutes les
régions de l'Océan.

## LE MARSOUIN

Le marsouin, qui a beaucoup de ressemblance avec le dauphin, est loin de jouir
d'une aussi bonne renommée. On lui donne
ordinairement l'épithète de cochon de

mer ; cependant il n'est guère plus vorace
que le dauphin lui-même. Cette variété du
genre cétacé a environ deux mètres de longueur ; le corps est de forme conique ; chaque mâchoire a une rangée de dents ; la
tête, qui est courte et écrasée, est surmon-
tée d'une ouverture pour la respiration.

Le marsouin fournit une grande quantité d'huile estimée ; mais, comme il est
d'une pêche difficile, on n'a que peu souvent l'occasion d'apprécier ses qualités
commerciales. Autrefois on en mangeait la
chair ; mais aujourd'hui on la néglige. Il

se nourrit de harengs et d'autres petits poissons. Le marsouin fréquente l'Océan Atlantique et les mers du Nord, et se montre assez souvent sur nos rivages.

LE GRAMPUS

Ce cétacé est un des ennemis mortels de la baleine. Sa longueur atteint jusqu'à sept mètres, et la nature l'a doué d'une force et d'une agilité remarquables. Il s'attaque aux baleines les plus puissantes. Les grampus se réunissent et entourent leur ennemi commé le feraient des chiens de combat. Alors la baleine pousse des mugissements terribles. On ne réussit à les prendre qu'avec la plus grande difficulté : ils apparaissent un moment à la surface des eaux, et se dérobent aisément à la poursuite de l'homme ; cependant on parvient à s'en emparer lorsque la proie qu'ils poursuivaient les a engagés dans des eaux basses.

Nous ferons observer qu'en général les cétacés montrent beaucoup d'attachement pour leurs petits. La grande baleine, lorsqu'elle est vivement pressée, tient son petit sous la protection de ses nageoires. On raconte l'histoire d'un grampus qui, s'étant aventuré trop loin, se trouva avec son petit presque à sec à la marée basse. Dans cette situation, on blessa les deux animaux. Le père était parvenu à s'éloigner assez pour trouver une eau profonde. Cepen-

dant, inquiet du sort de son petit, il revint
pour partager son sort.

Cet énorme quadrupède n'est pas moins
remarquable par sa forme que par sa taille :
ses pieds sont courts et membranés, et il
porte deux longues défenses qui descendent de sa mâchoire supérieure. Il habite

la mer près des côtes septentrionales de l'Amérique, et se nourrit de plantes marines et de coquillages. Sa longueur est d'environ six mètres; il n'en a pas moins de quatre de circonférence; sa peau est couverte de poils ras d'un brun foncé; ses yeux sont petits, et deux orifices lui servent d'oreilles. La force de cet animal est prodigieuse, mais ses mœurs sont toutes pacifiques, et il ne devient dangereux que lorsqu'on l'attaque. Cependant on en a vu renverser des bateaux.

En 1766, quelques marins se trouvèrent dans un danger semblable : un grand nombre de walrus entourèrent l'embarcation; malgré les efforts que l'on faisait pour les tenir à distance, un de ces animaux, plus hardi que les autres, monta sur l'arrière, et, après avoir considéré l'équipage pendant quelque temps, plongea à la mer pour aller rejoindre ses compagnons. Au même instant, un autre walrus, d'une

taille énorme, essayait de monter sur l'a-
vant. Il y aurait probablement réussi, et il
eût fait chavirer le sloop, si un homme ne
lui eût tiré un coup de fusil à bout por-
tant. On n'eut que le temps de gagner le
rivage : une troupe de walrus arrivait avec
le dessein apparent de venger la mort de
leur compagnon. L'attachement que ces
animaux se portent les uns aux autres fait
qu'il est périlleux de les attaquer, même
isolément.

Le capitaine Cook décrit ainsi un trou-
peau de walrus qu'il découvrit sur une île
de glace près des côtes de l'Amérique sep-
tentrionale : « Souvent plusieurs centaines
de ces animaux reposent sur la glace, cou-
chés les uns sur les autres. Leur beugle-
ment s'entend de si loin, que, pendant la
nuit ou par un temps brumeux, ils nous
avertissaient du voisinage des glaces avant
que nous ne puissions les voir. Jamais nous
ne les trouvâmes tous endormis, quelques-

uns restant toujours en sentinelles. Ces derniers réveillaient les plus proches à l'approche d'un bateau, et bientôt l'alarme était générale; mais le plus souvent ils ne se décidaient à s'éloigner que lorsqu'on avait tiré sur eux. Alors ils se ruaient en tumulte dans la mer; et si, à la première décharge, nous n'avions fait qu'en blesser plusieurs, ils nous échappaient ordinairement, quoique atteints mortellement. Ils ne nous parurent pas aussi dangereux que quelques auteurs les ont dépeints. La femelle défend son petit jusqu'à la dernière extrémité et aux dépens même de sa vie, soit dans les eaux, soit sur la glace. Si la mère succombe, le petit ne veut pas s'en éloigner : de sorte que, quand l'un des deux est tué, on peut compter sur l'autre comme sur une proie certaine. » Il y a plusieurs autres variétés de ces animaux.

VEAU MARIN *ou* PHOQUE

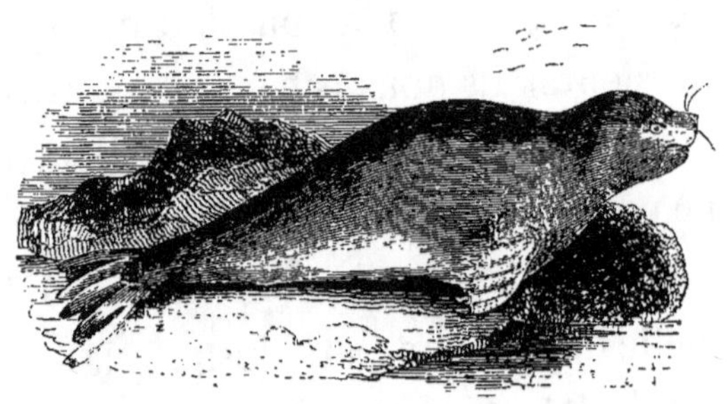

Il y a quelques rapports entre les veaux marins et les espèces que nous venons de décrire. Quoiqu'ils habitent plus particulièrement les eaux, ils vivent aussi sur le rivage, où on les trouve en grand nombre pendant les mois d'été. Le veau marin tient du quadrupède et du poisson ; sa tête est

7

ronde comme celle d'un chat, son nez est large, ses dents ressemblent aussi à celles de la race féline, et c'est pour cette raison que Linné l'a rangé dans cette classe; son œil est grand; l'oreille, dépourvue de pavillon, n'est qu'une ouverture; le cou est bien proportionné, et le corps va en diminuant vers la queue, qui est celle d'un poisson. Tout le corps est couvert d'un poil luisant et gras comme s'il avait été frotté d'huile. Les pieds sont d'une forme remarquable, et ils pourraient embarrasser un naturaliste inexpérimenté par la ressemblance qu'ils ont avec des nageoires; cependant ils sont terminés par des griffes qui rappellent la race de quelques-uns des quadrupèdes. Les pieds de devant sont profondément déprimés sous la peau; ceux de derrière le sont encore plus, et ne paraissent guère faire l'office de membres. Les veaux marins ont une longueur qui varie de quatre à six pieds. Il y a aussi des différences dans la forme et dans la couleur qui distinguent les espèces. On les trouve dans la mer du Nord et dans la Baltique, où on leur donne la chasse. Les Groënlandais sont friands de leur chair, et leur peau sert à divers usages, tels que tentes, couvertures, porte-manteaux, lanières, etc. Les Américains gonflent d'air ces peaux et en font des radeaux. La graisse, les fibres, les os et jusqu'aux intestins, sont employés par les habitants du Nord. Le veau marin n'est pas dédaigné dans nos contrées : sa peau, sa fourrure et son huile font l'objet d'un commerce important. Ces animaux se nourrissent de poissons : ils suivent les troupes de harengs, et les détruisent par milliers ; mais, en l'absence de ces derniers, ils sont obligés de s'adresser à une proie moins facile : ils plongent et nagent rapidement pour la saisir, et les petits poissons ne peuvent leur échapper qu'en se réfugiant dans les eaux basses. On en a vu poursuivre un mulet malgré la rapidité de sa fuite, et lui donner la chasse comme le ferait un chien lancé sur un lièvre. Le mulet, après avoir épuisé tous ses tours, se réfugia dans un bas-fonds, sans que son ennemi quittât prise. Enfin, le poisson, dans sa détresse, se coucha sur le côté, cette position lui permettant de nager dans une eau plus basse encore, et il échappa par cet expédient à la poursuite de son ennemi. Lorsqu'on attaque les veaux marins à coups de pierres, ils mordent celles qu'on leur lance, et si on s'approche d'eux, ils font une résistance désespérée. Lorsqu'ils se croient en sécurité, ils se livrent au sommeil. C'est alors que les chasseurs viennent les surprendre. S'ils ne sont blessés que légèrement, ils courent en hâte vers la mer, jetant derrière eux les cailloux et la vase, et poussant des cris pitoyables.

Il y a une espèce appelée par quelques

voyageurs *lions de mer;* ceux-ci ont une longueur qui va jusqu'à dix-huit pieds; ils rendent une grande quantité de graisse. Ces animaux ont autour du cou une crinière, ce qui leur a fait donner le nom de lions de mer. Un homme, qui resta plusieurs jours sur l'île de Béring, se vit entouré par des veaux marins de cette dernière espèce : ils furent bientôt au mieux avec lui; ils examinaient avec un grand sérieux tout ce qu'il faisait, et le laissaient même jouer avec leurs petits. Les lions de mer se rencontrent principalement sur les côtes orientales du Kamtschatka.

# CHAPITRE V

POISSONS

Les naturalistes ont observé environ quatre cents espèces de poissons. Les profondeurs de la mer en recèlent peut-être un plus grand nombre que la science connaîtra plus tard. Nous nous bornerons à décrire quelques-uns de ceux qu'on a le mieux étudiés. La structure des poissons annonce toute la sagesse du Créateur, qui a su l'approprier à l'élément où ils vivent :

leur corps est revêtu et garanti par des écailles, ou de telle manière qu'ils peuvent satisfaire aux besoins de leur nature et éviter les dangers auxquels ils sont exposés. Le centre de gravité, c'est à dire le point du corps sur lequel le tout peut se balancer ou se tenir en équilibre, se trouve à l'endroit le plus favorable pour le mouvement; et la forme qui convient le mieux dans le milieu qu'habite le poisson, est celle que donneraient les principes de la géométrie.

Ils se meuvent au moyen des nageoires, tandis que la queue leur sert de défense et les dirige; un grand nombre d'entre eux sont munis d'une vessie pleine d'air qui, en se comprimant ou en se dilatant, leur permet de descendre dans les eaux ou de s'élever à volonté. Leurs yeux sont particulièrement adaptés aux lois suivant lesquelles la lumière pénètre l'eau à différentes profondeurs, et ils ont beaucoup de ressemblance avec ceux des oiseaux. Mais l'ouïe est peut-être ce qu'il y a de plus remarquable dans leur conformation ; il y en a une de chaque côté du cou, et c'est par là qu'ils respirent. Après avoir rempli d'eau leur bouche, ils la rejettent en arrière, et elle sort en soulevant les membranes de l'ouïe.

Nos jeunes lecteurs n'ignorent pas sans doute que l'eau renferme une certaine quantité d'air ; c'est par les ouïes que le poisson s'approprie cet air nécessaire à sa respiration. Par l'ouïe, l'air pénètre dans le corps de l'animal ; et s'il en était privé dans les mêmes conditions, il mourrait en peu de moments, car n'ayant point de poumons, il ne peut respirer hors de l'eau.

On a cru longtemps que les poissons étaient sourds, mais aujourd'hui on s'accorde assez généralement à reconnaître qu'ils entendent ; et, de plus, il est reconnu que l'eau peut transmettre le son.

En général les poissons sont ovipares, c'est à dire qu'ils se reproduisent par des œufs; et on en a trouvé plusieurs millions dans le corps d'une morue. Si les poissons ne se dévoraient pas entre eux, on voit que l'Océan, malgré son étendue, ne pourrait les contenir; mais il périssent dans la même proportion qu'ils se reproduisent, et de cette manière il y a place pour toutes les espèces. Les poissons, sujets qu'ils sont à tant de dangers, soit de la part de certaines espèces, soit que l'homme les fasse servir à son usage, poussent très-loin leur existence. Quelques-uns vivent un et plusieurs siècles. On en a fait l'expérience sur des carpes qu'on avait marquées de manière à les reconnaître. Parmi la multitude des habitants de l'Océan, nous nommerons quelques-uns de ceux qui, par leur nature, leur taille et leur forme, semblent mériter une mention particulière.

LE CONGRE

Ce poisson a quelque chose dans la forme
qui rappelle le serpent des eaux , l'anguille ; ses nageoires et ses ouïes suffisent
pour marquer sa place dans le règne animal ; en général , les anguilles forment
comme une transition entre le poisson et
le serpent. Le *congre,* lorsqu'il a pris toute
sa croissance, n'a pas moins de dix pieds
de longueur. La pêche en est assez dan-

gereuse; il s'entortille autour des jambes et combat avec un courage désespéré. Il n'y a pas longtemps que, près de Yarmouth, un de ces animaux renversa mort le pêcheur qui s'apprêtait à le tuer; il pesait environ trente kilos, mais il en est dont le poids est encore plus grand. Le congre est extrêmement vorace; il se cache dans la vase où il guette sa proie : si elle est trop grosse pour être immédiatement dévorée ou vaincue, il se roule autour de sa victime, qui bientôt est obligée de céder. Ce poisson se trouve sur les côtes de France et d'Angleterre. On en transporte de secs en Espagne et en Portugal. On les prend ordinairement avec des lignes qui n'ont pas moins de cinq cents pieds de longueur, et auxquelles est attaché un grand nombre d'hameçons. Quelquefois toutes ces lignes sont fixées au bout les unes des autres dans un développement d'environ un kilomètre. La chair du con-

gre est mangeable, mais en général elle
est coriace et d'un goût peu agréable.

GYMNOTUS *ou* ANGUILLE ÉLECTRIQUE

Ce poisson se trouve dans l'Amérique du
Sud; il jouit de la propriété singulière
d'une machine électrique, et à un tel degré, qu'il peut frapper immédiatement de
mort certains animaux. Si un certain nombre de personnes, se tenant par la main,
se mettent en communication avec le gymnotus ou avec l'eau d'un vase où il se
trouve, elles éprouveront toutes, et en

même temps, la même commotion électrique. On a fait plusieurs expériences qui
confirment ce que nous venons de rapporter; nous citerons celle du docteur
Williamson : ayant plongé sa main dans
l'eau, à trois pieds de distance de l'animal,
il ressentit dans les jointures des doigts
une impression douloureuse; il jeta dans
le bassin de petits poissons, l'anguille les
étourdit aussitôt et les avala. Un autre
poisson y fut jeté à quelque distance; le
gymnotus s'en approcha et se retira d'a-
bord sans exercer sa faculté électrique;
mais bientôt après il revint, regarda fixe-
ment le poisson pendant quelques secon-
des, et lui imprima une commotion à la
suite de laquelle ce dernier se renversa sur
le dos dans un état complet d'immobilité.
Un chien, que l'on soumit au même effet,
exprima la sensation pénible qu'il éprou-
vait par un aboiement plaintif. Un tiers
environ du corps de l'animal est doué de

cette propriété électrique : l'appareil est disposé des deux côtés ; la structure en est simple et régulière ; elle consiste en compartiments plats, au nombre d'environ quatre-vingt-dix, de la longueur d'un pouce, avec des nerfs appropriés à ce phénomène.

Quoique cette espèce d'anguille soit un poisson d'eau douce, nous en avons parlé dès à présent, parce que ses propriétés électriques sont supérieures à celles du poisson de mer qui produit un effet analogue ; nous voulons parler de la torpille.

LA TORPILLE *ou* RAIE ÉLECTRIQUE

C'est un poisson plat et presque circulaire, de l'espèce des raies, et qui est commun sur les côtes de France et d'Angleterre ; il pèse quelquefois de soixante à soixante-dix livres : la chair, quoique peu

estimée, en est mangeable. La torpille
habite ordinairement le fond des eaux,
ou bien elle s'ensevelit dans le sable. Si on

la foule par mégarde, on ressent immédiatement la commotion dont nous avons
parlé plus haut.

L'ÉPÉE DE MER

L'arme redoutable dont ce poisson est
pourvu lui a fait donner le même nom par
les peuples anciens et par les modernes ;
sa longueur est de dix à douze pieds, mais

il y en a dont la taille dépasse ces proportions, et l'on en a vu qui pesaient jusqu'à deux cents kilos. Son corps est allongé
et arrondi; sa bouche, d'une moyenne
grandeur. n'a pas de dents; mais sa hure,
qui est longue et osseuse, les remplace
avec avantage : aussi ce poisson, qui se
meut avec une grande agilité, est-il redoutable à presque tous les habitants de
l'Océan. On a trouvé, enfoncée de toute
sa longueur dans la charpente des vaisseaux, l'arme dont la nature l'a pourvu.
On a calculé qu'une cheville en fer, chassée
par un marteau pesant douze kilos, n'aurait pu pénétrer aussi profondément qu'a-
près huit ou dix coups, tandis que l'épée
de mer a obtenu ce résultat par une seule
et même impulsion. Ceux qui se sont
trouvés à bord lors d'une semblable
rencontre se figuraient que le vaisseau
avait donné contre quelque écueil, tant
était grande la violence du choc.

On dit que ces poissons vont deux à deux, et qu'ils sont en hostilité ouverte avec la baleine : on a même été témoin de leurs conflits. La baleine, en pareille rencontre, plonge ordinairement la tête la première en s'efforçant de frapper son adversaire avec sa queue; si elle y réussit, l'épée de mer est aussitôt hors de combat; mais le plus souvent l'agilité de celle-ci la préserve de toute atteinte : elle tourne à l'entour du monstre, et finit par plonger son arme dans les flancs du cétacé; si la blessure n'est pas mortelle, elle redouble et finit par obtenir la victoire. La chair de ce poisson est d'un bon goût, quoique un peu coriace; lorsqu'il est jeune, elle est blanche, agréable et nourrissante. A Gênes, elle se vend au marché; les Siciliens se livrent à cette pêche dès que la saison est favorable.

## LA MORUE COMMUNE

Ce poisson est si connu, qu'il serait inutile d'en donner une description détaillée. Nous nous contenterons de dire que ses caractères distinctifs sont trois nageoires sur le dos, la queue presque unie, et une espèce d'appendice charnu à la mâchoire. Il pèse de dix à vingt kilos. Mais ce qui mérite attention, ce sont les migrations périodiques et lointaines de ces poissons, de rivage en rivage, et la quantité innombrable dont se composent leurs troupes. Des bancs sablonneux de Terre-Neuve, de la Nouvelle-Écosse, de la Nouvelle-Angleterre, aux régions des mers du Nord, elles vont et viennent à certaines époques de l'année, couvrant quelquefois une surface de quatre kilomètres dans tous les sens.

Avant la découverte de Terre-Neuve,

la pêche de la morue se faisait principalement sur les côtes de l'Islande et aux îles Western. Il y a quatre siècles, tous les vaisseaux se rendaient en Islande pour y pêcher la morue. Aujourd'hui le centre de ce trafic est placé plus favorablement sur le rivage de Terre-Neuve, où un banc spacieux qui s'élève de la mer est le rendez-vous des pêcheurs. Trente mille matelots y exercent cette fructueuse industrie depuis le commencement de février jusqu'à la fin d'avril. Le poisson se prend à l'hameçon; une main habile peut prendre jusqu'à quatre cents morues en un jour; toutefois cette occupation ne laisse pas que d'être pénible à cause du froid qui règne sous ces latitudes.

Aussitôt que le poisson est transporté à terre, on lui coupe la tête, on le vide et on le sale; ensuite on l'entasse sur la cale en recouvrant d'une couche de sel chaque couche de poisson; puis on laisse sécher le tout pendant trois ou quatre jours; enfin on dispose le poisson dans un autre emplacement pour le saler de nouveau.

Les Norwégiens se servent, pour pêcher la morue, d'un fort filet; ce filet, qui s'étend quelquefois sur un espace de quatre cents brasses, se jette l'après-midi, et le matin du jour suivant on en tire de trois à quatre cents poissons. En Laponie et sous les latitudes polaires, le froid dispense de la peine de saler; on suspend le poisson dans des espèces de hangars, où il reste gelé jusqu'au printemps suivant; à cette époque, il est vidé et séché.

Il y a une autre espèce de morue plus petite qui porte sur les côtés une marque que la superstition a fait prendre pour celle du pouce de saint Pierre. Il y en a une autre encore plus petite et d'une couleur blanchâtre; on en prend un grand nombre sur les côtes de France.

Le stockfisch, ou morue séchée, fait

l'objet d'un commerce important. La Norwége en exporte des quantités considérables.

LE MERLANGUS CARBONARIUS

Ce poisson, du genre morue, doit son
nom à la couleur sombre de son corps.
Dans les îles Orcades, les habitants trouvent dans sa chair de grandes ressources,
à l'époque de l'année où les autres provisions deviennent très-rares ; ils en tirent
une huile qui alimente leurs lampes durant les longues nuits : ils déploient beaucoup d'adresse dans la manière de les
prendre à la ligne.

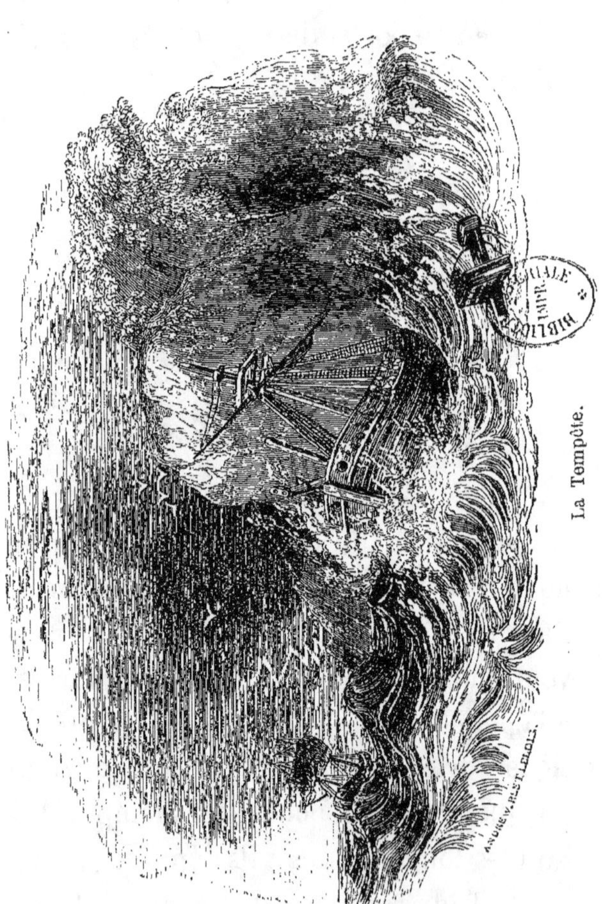

La Tempête.

# CHAPITRE VI

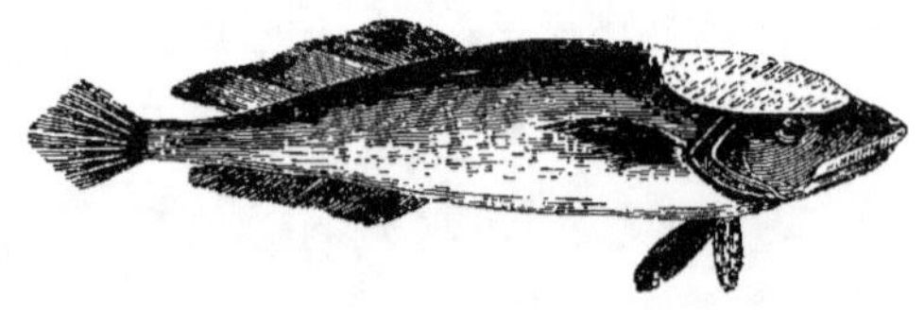

LE RÉMORA

Ce poisson doit son nom à une particularité remarquable; la superstition lui a prêté des propriétés encore plus extraordinaires.

On a prétendu que le rémora, qui n'a pas plus d'un pied de longueur, en adhé-

rant à la carène d'un vaisseau, peut en
arrêter la marche. Il n'est pas nécessaire
d'avertir nos lecteurs que la nature n'a
pas besoin du merveilleux pour exciter
l'admiration. Mais ce qui est vrai, c'est
qu'il peut s'attacher immobile aux corps
durs et à plusieurs espèces de poissons, au
moyen d'un appareil placé au sommet de
la tête. En d'autres termes, il peut, en faisant le vide, se fixer à une surface, et cela
avec tant de force, que pour l'en détacher
il faut souvent causer sa destruction. Il ressemble assez à un hareng pour la grosseur,
et il habite dans presque tous les parages
de l'Océan. Les Indiens s'en servent quelquefois comme d'amorce, pour prendre
d'autres poissons.

## LA JAUNE DORÉE

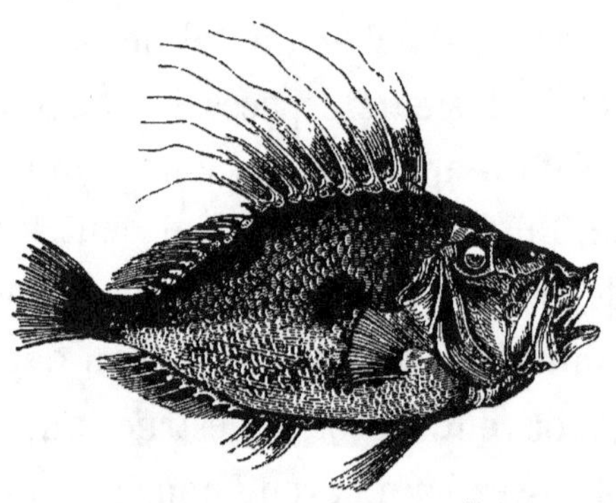

La jaune dorée, qui doit son nom aux nuances dont elle est ornée, est loin d'être recommandable pour la beauté de ses proportions. Ce poisson est déprimé; sa tête est large, et l'ouverture de sa bouche n'est pas en rapport avec sa taille. Son poids moyen ne dépasse guère six à huit livres. La dorée partage avec la petite morue l'honneur de porter l'empreinte des doigts de saint Pierre. On prétend que *dorée* est une abréviation d'*adorée*, ce poisson étant en grande vénération à cause des marques qu'y a laissées l'apôtre. Les pêcheurs de l'Adriatique l'appellent *il janitore, le portier*, par allusion aux clefs du ciel que porte saint Pierre. Dans plusieurs autres contrées de l'Europe, on a donné à la dorée le nom de poisson de saint Pierre. La jaune dorée a été regardée aussi comme un mets très-délicat; nos ancêtres se faisaient peut-être un point de conscience de le trouver exquis. Ce poisson est extrêmement vorace, et si bien défendu par ses piquants et ses dents, qu'il n'a que peu à craindre de ses ennemis maritimes; mais ayant le funeste avantage d'être prisé par l'homme, il figure souvent sur nos marchés.

## POISSONS PLATS

On comprend sous cette dénomination un grand nombre d'espèces qui, presque toutes, sinon toutes, offrent une nourriture saine et agréable. Les poissons que les naturalistes rangent parmi les raies ont beaucoup de ce caractère; telle est la torpille que nous avons déjà décrite. Parmi les poissons plats, les principaux sont : le turbot, le flétan, la barbue, la sole, la plie et le carrelet. Parmi les plus gros poissons plats, nous citerons encore la raie cendrée et la raie *clavata*. Le turbot est très-recherché sur la table des riches. Ce poisson est large et aplati; il pèse quelquefois jusqu'à trente livres. On le pêche sur les rivages septentrionaux de l'Angleterre et de la France, ainsi que sur les côtes de la Hollande. Le flétan est bien plus gros ; on en a vu qui pesaient trois cents livres.

LE CHAETODON

Le chaetodon se fait remarquer par sa manière de prendre sa proie ; sa bouche est faite en forme de canon ; quelques gouttes d'eau qu'il lance, voilà toutes ses munitions ; il est vrai qu'il ne s'adresse qu'à des mouches et autres insectes qui viennent se jouer à peu de distance de la surface. Quand le chaetodon aperçoit une mouche, il s'en approche avec précaution, et vient se mettre au dessous, aussi près que possible ; il vise l'insecte, et lui envoie une goutte d'eau avec tant de précision qu'il manque rarement de le faire tomber sans mouvement sur la surface. On s'est amusé à lui faire répéter cette expérience dans un bassin.

## LE MAQUEREAU

Il n'est personne, que nous sachions, qui n'ait eu occasion de remarquer l'élégance de ce poisson. Lorsqu'il est frais, il brille des couleurs les plus riches ; mais lorsque ses teintes deviennent plus sombres, c'est-à-dire hors de l'eau, les émanations qui sortent de son corps le peignent d'un éclat nouveau ; examiné, soit au jour, soit de nuit, le maquereau mérite certainement une place honorable parmi les œuvres de la création.

Nous ne saurions trop admirer les vues de la Providence, qui a été au devant des besoins de l'homme en envoyant sur nos rivages des troupes si considérables de ces poissons, que, malgré la consommation immense qui s'en fait annuellement, cette ressource semble rester inépuisable.

Le maquereau se prend ou au moyen de lignes amorcées avec un morceau d'étoffe rouge, ou, plus souvent encore, avec des filets flottants de vingt pieds de profondeur sur une longueur de cent vingt. Un grand nombre de ces filets sont attachés à la suite les uns des autres à l'aide d'un long câble ; une large bouée, fixée à l'extrémité, est jetée à la mer ; le bâtiment s'éloigne sous le vent jusqu'à ce que tous les filets soient développés. La pêche la plus considérable se fait sur les côtes occidentales de l'Angleterre. On y emploie un capital d'environ cinq millions de francs. On a vu des bateaux rapporter chacun, en une seule nuit, une cargaison qui se vendait dix-huit cents francs, et plus encore. Les maquereaux sont très-voraces, et ils croissent rapidement ; leur nourriture principale paraît être le frai des autres poissons. Ils meurent presque aussitôt qu'on les tire de l'eau.

## LE SAUMON

Ce poisson a une grande importance, tant sous le rapport de l'abondance et de la qualité que sous celui de la valeur commerciale. Il ne s'en trouve pas dans la Méditerranée ni dans les mers du Sud ; il habite les mers du Nord, et semble affectionner plusieurs rivières de l'Angleterre qu'il remonte avec la rapidité d'une flèche et en faisant des efforts incroyables pour franchir les cascades et les autres obstacles qu'il rencontre ; quelquefois en sautant il s'élève à une hauteur de dix à douze pieds, hauteur qu'il ne peut dépasser ; si le saumon

s'élance plus haut, les forces lui manquent, et le courant le ramène au point
de départ avant qu'il puisse tenter un nou-
vel effort. Il paraît avoir la conscience de
l'obstacle qu'il a à surmonter ; il l'étudie
pendant quelques minutes, puis il avance,
se retire encore, enfin, rassemblant toutes
ses forces, il s'élance, et parvient ordinairement jusqu'au point où il voulait atteindre. Cependant il n'est pas rare qu'il manque ce but, et c'est au moment de sa chute
qu'il est plus facile de le prendre. Sur la
rivière de Liffey, en Irlande, il y a une ca-
taracte d'environ dix-neuf pieds de haut :
dans la saison du saumon, les habitants
prennent plaisir à le voir lutter contre cette
élévation. Il tombe souvent avant d'y parvenir, et il y a des paniers disposés pour
le recevoir dans sa chute.

Les principales pêcheries de saumons, en
Europe, sont établies sur les côtes d'Angleterre, d'Ecosse et d'Irlande, ou sur celles des

grands fleuves qui se jettent dans les mers de ces parages. La Tyne, le Trent et la Severn offrent un grand nombre de ces pêcheries. On a calculé que dans la seule rivière de Tweed, en Écosse, on prend, terme moyen, deux cent mille saumons dans l'année.

Il paraîtra assez singulier que l'on chasse le saumon à cheval; c'est cependant ce qui se fait avec succès, et dans plusieurs localités. Le cavalier s'avance dans les basfonds en profitant de la retraite de la marée: il poursuit le saumon en lui fermant le chemin de la mer, et le tue à coups de lance.

On a vu dans les rivières du Kamtschatka des troupes si nombreuses de ces poissons, qu'en remontant les rivières ils en interceptent le cours, et forcent les eaux à déborder; il en reste alors une grande quantité à sec, ce qui causerait la peste à l'instant de leur putréfaction, si les ours et les chiens n'y mettaient bon ordre.

Les harengs, quoique inférieurs au saumon pour la taille et pour le goût, offrent cependant une ressource qui n'est pas à dédaigner. Ils émigrent à de grandes distances, mais c'est dans les mers du Nord qu'on les rencontre en plus grand nombre.

Au milieu de ces retraites inaccessibles, qui sont barrées par les glaces pendant les longs mois d'hiver, les harengs bravent les attaques de leurs ennemis ; l'homme lui-même ne peut les y atteindre. Les insectes innombrables qui pullulent dans les mers septentrionales offrent aux harengs une nourriture inépuisable : aussi, tant qu'ils y séjournent, les harengs s'y multiplient d'une manière prodigieuse ; mais à l'époque de la fonte des glaces, ils quittent les régions polaires et s'avancent vers le sud en colonnes si profondes, que si tous les hommes en emportaient leur charge, ils ne pourraient en prendre la millième partie. Cet essaim immense forme plusieurs divisions

qui ont près de deux lieues en long sur une
de large ; en avançant ils occasionnent un
remous. On les rencontre au mois de juin
à la hauteur des îles Shetland ; de là ils s'a-
vancent vers les îles Orcades, après quoi
ils se divisent, embrassent la Grande Bretagne et l'Irlande, et se réunissent de nouveau vers le cap Land's-end, en septembre.
Ils tournent vers le sud-ouest, et se diri-
gent vers les côtes de l'Amérique. La colonne se partage encore au bout de quelque temps, et tous ces poissons entrent en
quantités innombrables dans les baies et
les criques ; vers la fin d'avril, le vieux
poisson retourne à l'Océan, et arrive au
mois de mai à la hauteur de Terre-Neuve.
C'est ainsi que ces hordes voyageuses exé-
cutent à époque fixe leurs singulières pé-
régrinations, abordant aux mêmes côtes et
nourrissant, chemin faisant, les popula-
tions dont elles visitent les côtes. On a calculé que la génération d'un seul hareng

qu'on laisserait se multiplier sans obstacle pendant vingt années, formerait une masse seize fois aussi grosse que la terre.

Il y a d'autres espèces de harengs plus petits qui remontent nos fleuves au commencement de novembre pour les abandonner en mars.

L'ESTURGEON

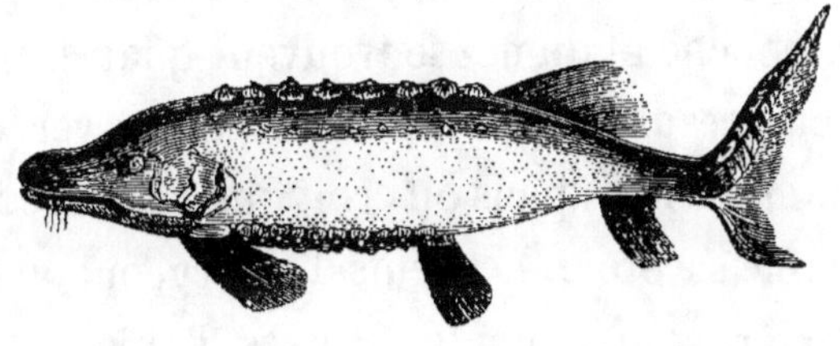

Sa taille et la délicatesse de sa chair lui ont valu le nom de poisson royal : il atteint quelquefois une longueur de six mètres et pèse jusqu'à cinq cents livres; il y en a même d'un poids plus considérable, surtout dans la Caspienne ; mais dans nos parages ses proportions sont plus réduites. Il habite ordinairement l'eau de mer, ce qui ne l'empêche pas toutefois de remonter les fleuves à certaines époques de l'année. Sa tête est allongée et terminée en pointe ; ses yeux, très-petits, sont placés près des ouïes ; sa bouche est petite, dénuée de dents et même de mâchoires osseuses. Le corps est long, pentagonal et couvert de rangées de tubercules consistants ; entre l'extrémité de la bouche et du nez se trouvent quatre appendices allongés ayant la forme d'un ver, et au moyen desquels on croit que l'esturgeon arrête sa proie. Les œufs d'esturgeon, ou le caviar, sont pour les Russes l'objet d'un trafic considérable. Ces poissons, malgré leur grossèur, peuvent sauter à une grande hauteur, ils font tant de bruit en retombant qu'on les entend à une certaine distance. Quelquefois ils engloutissent dans leur chute les petits canots des Indiens ; aussi

n'en approche-t-on, dans certains parages,
qu'avec de grandes précautions.

LA LAMPROIE

La lamproie habite aussi les eaux salées
et l'eau douce. Sa forme est celle d'une
anguille, et elle pèse de quatre à cinq livres.
Ce poisson est très-estimé. Comme le rémora, il a la propriéte de s'attacher aux
corps solides; mais c'est uniquement en y
appliquant ses lèvres et en aspirant l'air.

La Severn est renommée pour ses lam-
proies, et la ville de Glocester est tenue,
d'après un ancien usage, d'offrir au sou-
verain anglais, à Noël, un pâté de ce poisson. Ce n'est pas une chose facile, à cause
de la saison, qui met souvent la corporation
des pêcheurs dans un grand embarras.

# CHAPITRE VII

---

Nous avons décrit en peu de mots les habitants les plus considérables de l'Océan et plusieurs espèces de poissons qui se distinguent par quelque circonstance particulière, surtout dans leurs rapports avec les besoins de l'homme. Avant de nous occuper des reptiles, des insectes et des vers, qui méritent une mention à part, nous dirons quelques mots de quelques poissons qui ont fixé l'attention des naturalistes. Les requins ouvriront cette série; leur forme, leur taille et leur voracité leur assi-

gnent un rang éminent parmi les hôtes de
l'Océan. Au lieu d'ouïes, ils ont de quatre
à sept ouvertures destinées à la respiration,
et ménagées de chaque côté du cou. Ils se
rencontrent dans toutes les mers; leur longueur atteint huit, dix mètres, et même
davantage.

LE REQUIN BLANC

Celui-ci est le plus gros de tous, et sa
gloutonnerie est en raison de sa taille. On
en a vu qui pesaient quatre milliers, et dont
le gosier pouvait avaler un homme : c'est ce

qui a fait supposer à quelques personnes
que ce poisson avait avalé le prophète Jonas.
Ce monstre a six rangées de dents très-for-
tes, tranchantes et pointues ; il peut à volonté les faire sortir ou les rentrer, et il
semble prendre plaisir au premier de ces
exercices lorsqu'il est dans le voisinage de
sa proie. La gueule du requin est reléguée
si bas qu'il est obligé de se tourner un peu
sur le côté pour saisir quelque chose, ce qui
donne aux autres animaux la chance de lui
échapper .quelquefois. La vue du requin
blanc avec ses mâchoires béantes, ses yeux
farouches, ses nageoires larges et soyeuses
qui s'agitent comme la crinière d'un lion,
est en effet quelque chose de terrible. Il est
très-friand de chair humaine ; aussi est-il
dangereux de se baigner dans les parages
qu'il fréquente.

Le requin frileux, ainsi appelé parce qu'il
a l'habitude de se tenir à la surface de l'eau,
est, malgré sa taille, beaucoup moins dan-

gereux que le requin blanc. Il se laisse même toucher et frapper sans se mouvoir. Il fréquente nos mers durant l'été, et on le rencontre surtout sur les côtes d'Écosse et du pays de Galles. Le foie d'un de ces animaux pèse jusqu'à mille livres, on en tire une huile très-estimée.

Il y a une autre espèce qu'on appelle requin à tête de marteau ou requin à balance. La tête a la forme d'un marteau ; on le pêche dans la Méditerranée, mais il n'y est pas commun.

## LE TRACHINUS VIPERA

Le trachinus vipera, ou raie à piquants, est un poisson déprimé, presque circulaire ; sa queue est armée de piquants aigus, dont les blessures sont très-douloureuses. Les anciens naturalistes croyaient que ce poisson était muni d'un venin assez actif pour dissoudre même des pierres ; il est plus pro-

bable que les déchirures faites par ses piquants produisent une grande inflam-
mation, et que tout le reste est controuvé.


LE POISSON VOLANT

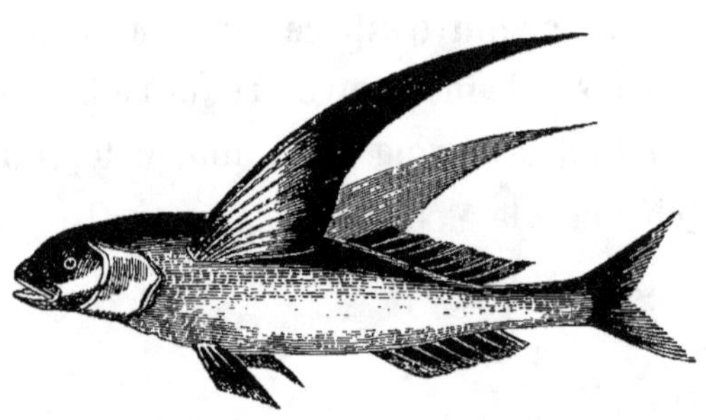

On donne ce nom à plusieurs espèces de
poissons dont les nageoires sont disposées
de telle sorte qu'ils peuvent se soutenir en
l'air pendant quelque temps. Celui qu'on
appelle communément poisson volant, et
que représente la gravure, est long d'environ six pouces, et il ressemble assez au

hareng. Ses nageoires supérieures sont si longues, que lorsqu'il les couche le long de son corps elles s'étendent jusqu'à la queue.

Le poisson volant a beaucoup d'ennemis dans l'eau comme dans l'air; mais sa double faculté de nager et de voler lui offre toujours la chance d'échapper aux uns et aux autres. Son vol excède rarement trente ou quarante toises; cependant il peut le renouveler en plongeant ses nageoires dans l'eau lorsqu'elles deviennent trop sèches. On voit souvent ces poissons s'élever en troupes de l'Océan, mais ils se fatiguent facilement; dans la mer du Sud ils s'abattent fréquemment à bord des navires.

Les poissons dont nous allons parler sont moins connus, et leur forme, quoique peu agréable, n'en est pas moins digne d'attention.

L'HIPPOCAMPUS

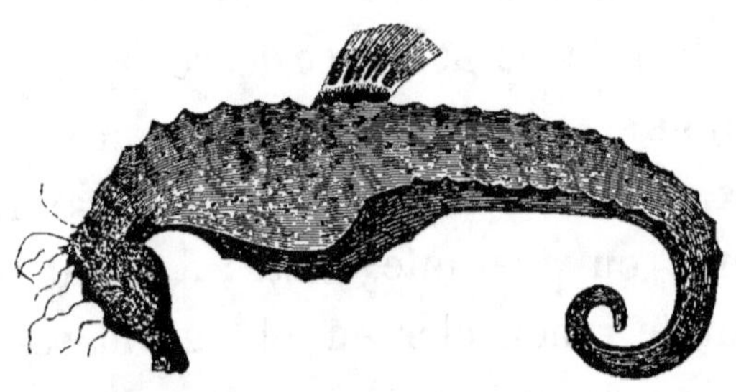

L'hippocampus est quelquefois appelé
cheval de mer, dénomination qui a été ap-
pliquée à plusieurs autres espèces. Sa longueur ne dépasse pas quelques pouces ; son
corps ressemble à une chenille, mais sa tête
n'est pas sans rapport avec celle du cheval :
le corps, comme celui de la chenille, est
composé d'anneaux d'où s'élèvent des poils
roides ou des pointes ; on assure qu'après
la mort de l'animal, sa queue conserve la
même position qu'on lui avait donnée avant

qu'il n'expirât. On le pêche dans la Méditerranée.

Le cyclope (*terus lampus*) n'a point d'écailles, mais il est recouvert d'une peau rude; sa bouche est large et garnie d'un grand nombre de petites dents. Il s'attache avec force aux rochers et aux autres corps durs. On le prend quelquefois sur les côtes d'Angleterre et de France; la chair en est peu estimée.

LE LOUP DE MER

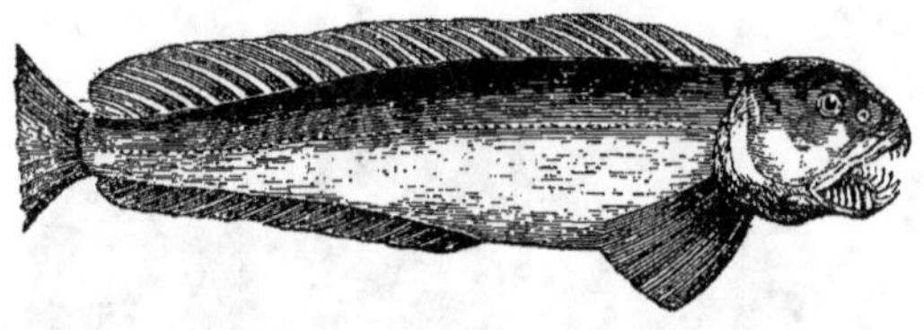

Le loup de mer, auquel sa voracité a fait donner ce nom, ne se trouve que dans les mers du Nord; ses dents sont si fortes et si dures, que, s'il s'attaque à l'ancre d'un navire, on entend résonner le métal, et que le fer porte l'empreinte de ses morsures. Il parvient à une longueur de deux mètres; on en a pris quelquefois de plus petits sur nos côtes.

## LE SQUATINA-ANGELUS

Le squatina-angelus est classé tantôt parmi les poissons plats, tantôt parmi ceux dont le corps est allongé. Sa taille est de cinq à six pieds; ses nageoires supérieures ressemblent à des ailes, ce qui lui a fait donner par quelques personnes le nom d'ange.

## LE DIABLE DE MER

Le diable de mer a été ainsi nommé à cause de sa laideur; c'est le lophius piscatorius de Cuvier.

### LA TÊTE DE MORT

L'espèce appelée tête de mort a la tête presque aussi large que le corps, avec une bouche d'une dimension extraordinaire. La gravure en donnera une idée plus exacte que toutes les descriptions. Sa chair, lorsqu'elle est bouillie, a, dit-on, le goût de celle du porc.

### LE SERPENT DE MER

Le serpent de mer a beaucoup de ressemblance avec l'anguille. Il y en a une espèce,

que l'on pêche dans la Méditerranée, dont
la chair est très-délicate, quoique pleine
d'arêtes. On a beaucoup parlé d'un serpent
de mer dont la longueur aurait plusieurs
centaines de pieds, et qui, en se jetant sur
les vaisseaux, aurait assez de force pour les
submerger; mais les témoignages sur lesquels reposent ces récits ne paraissent pas
assez irrécusables pour qu'on puisse y ajouter foi.

### L'ORTHAAGORISCUS-MOLA

L'orthaagoriscus-mola, que les marins
appellent *soleil,* se trouve dans l'Océan
et dans la Méditerranée. Sa tête est très-
singulière; mais son corps, large et court,
est terminé par une nageoire circulaire,
de sorte qu'on dirait la tête d'un gros
poisson séparée de son corps. Il a souvent
deux pieds dans sa plus grande longueur,
quelquefois beaucoup plus, et il pèse jus-

qu'à deux cents livres. Il n'a point d'é-
cailles, mais il est recouvert d'une peau
dure et rude; sa tête ne fait aucunement
saillie avec son corps.

L'ASPIDOPHORUS — EUROPEUS

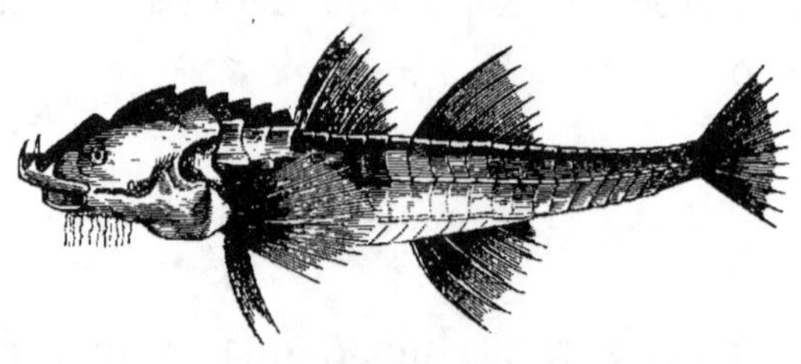

L'aspidophorus - europeus est un petit
poisson qui est extrêmement commun sur
nos côtes. Sa tête est large, osseuse et iné-
gale; son corps est octogone, dépourvu
d'écailles, mais recouvert d'incrusta-
tions osseuses qui se projettent en pointes
aiguës.

### LA LYRA

C'est le nom d'un poisson qu'on pêche dans la Méditerranée, et qui n'est pas rare sur les marchés de Rome. Son corps est flexible, rond, doux au toucher, nuancé de jaune, de bleu et de blanc. Le bleu est du plus riche azur et d'un éclat inexprimable.

### LE PORC-ÉPIC

Le porc-épic indique assez par sa dénomination qu'il est revêtu de piquants. Son corps, petit, très-ramassé, est couvert d'une peau blanchâtre garnie de pointes fortes et aiguës; l'ouverture de la bouche est très-large. On le trouve dans les parages qui avoisinent le cap de Bonne-Espérance.

Nous abandonnerons maintenant les poissons pour examiner une autre classe d'animaux qui habitent aussi l'Océan, mais qui fréquentent les rivages; ce sont les animaux amphibies.

### LES TORTUES

Les tortues appartiennent à cette espèce; elles ont le privilége de porter toujours avec elles leur demeure, où elles trouvent à la fois abri et sécurité. C'est une armure complète, parfaitement adaptée à leur taille; elle consiste en deux parties assez semblables à deux plats superposés l'un

sur l'autre et dont les bords se touche-
raient. Il n'y a d'ouverture que tout juste
ce qu'il faut pour laisser passer la tête, la
queue et les pieds. Elles ont la faculté de
rentrer la tête dans leur coquille toutes
les fois que le danger le requiert. La tête
est petite, dépourvue de dents, mais ayant
à la place un appareil osseux. Les mâchoires sont d'une force extraordinaire. Lorsqu'une fois la tortue les tient fermées, aucun effort humain ne pourrait les ouvrir.
Les pieds sont courts, et d'une telle vigueur,
qu'on a vu marcher des tortues avec une
charge de cinq hommes sur le dos, et cela
sans difficulté. Celles qui habitent sur terre
et dans les eaux douces se nourrissent en
général de vers, de limaçons et de menus
poissons. Les tortues de l'Océan se nourrissent de plantes marines; on compte
trente-six espèces de tortues, dont quatre
appartiennent à la mer; trois espèces seulement méritent une mention particulière.

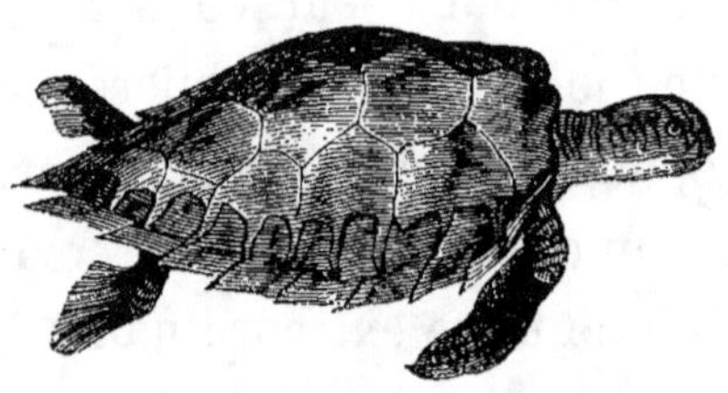

La tortue verte a jusqu'à deux mètres de
longueur; elle pèse de cinq à six cents livres. On en a vu une qui avait deux mètres de largeur sur quatre d'épaisseur; un
enfant de dix ans navigua pendant assez
longtemps, et fort commodément dans son
écaille supérieure, qui lui servait de bateau. La tortue verte, ainsi appelée à cause
de la couleur de sa chair et de sa graisse,
abonde sur le rivage des mers du Tropi-
que, dans l'Ancien et le Nouveau Monde.
Là, des champs spacieux d'herbes mari-

nes, dont la tortue aime à se nourrir, occupent le fond d'une mer limpide : ces animaux y paissent à loisir, et on les voit à travers les vagues broutant ces herbes marines comme le fait le bétail sur nos collines verdoyantes. Elles vivent entre elles paisiblement au sein de cette abondance. Quelquefois elles se retirent dans les eaux douces vers l'embouchure des grands fleuves ; là on les voit flotter, élevant leur tête au dessus de la surface. Dans ces parages, elles ont la conscience des dangers qu'elles courent, et elles plongent au moindre bruit.

C'est généralement au mois d'avril que ces animaux fréquentent les rivages et qu'ils y déposent leurs œufs dans le sable. Le diamètre d'un œuf de tortue est de deux ou trois pouces, la forme en est presque sphérique. Elles pondent jusqu'à cent œufs, à des intervalles différents. Pour prendre ces amphibies, on se contente de les renverser sur le dos, le poids de leur coquille les empêchant de reprendre leur position naturelle. Quelquefois cette opération demande les forces réunies de plusieurs personnes. Je regrette de dire que les hommes se montrent souvent cruels, et cela gratuitement; ils laissent ainsi périr, d'une mort lente, des tortues qu'ils ne peuvent emporter. La chair de ces animaux est un objet de luxe, même sur la table des riches; on estime surtout les tortues qu'on apporte des îles des Indes occidentales. Il y en a une espèce qu'on trouve dans les mêmes parages et dans la Méditerranée. On l'appelle tortue voyageuse parce qu'elle s'éloigne du rivage à une distance de sept à huit cents lieues. Ces animaux sont d'une grosseur et d'une force remarquables, ils se défendent jusqu'au dernier moment si on les attaque. Ils peuvent couper en deux un bâton assez gros, et cela sans difficulté et d'un seul coup.

S'ils mordent, quoi que ce soit, il est presque impossible de leur faire lâcher prise. Leur nourriture consiste surtout en coquillages, et, quand la faim les presse, ils attaquent jusqu'à de jeunes crocodiles. Leur chair est rance, et les Européens n'en font aucun usage.

La tortue coriace est la plus grosse que l'on connaisse; quelques-unes ont jusqu'à deux mètres et demi de long, et pèsent environ mille livres. On en a pris une de cette espèce près de l'embouchure de la Loire; elle avait plus de deux mètres de longueur, et, lorsqu'on la prit, elle poussa un cri qui s'entendit à un kilomètre de là, et elle exhala de sa bouche une vapeur nauséabonde.

# CHAPITRE VIII

## COQUILLAGES

Les coquillages occupent un rang distingué parmi les productions les plus remarquables de la nature; leur description et leur classification appartiennent à une science appelée conchyliologie. Les naturalistes diffèrent entre eux dans la manière de les classer : quelques-uns distinguent les diverses espèces d'après la forme et les mœurs de l'animal qui occupe la coquille;

d'autres les désignent par les caractères qu'offre la substance solide qui les enveloppe et les protége. Ce dernier mode répond mieux à notre plan, et se rattache plus exactement au sens du mot conchyliologie, qui signifie proprement la science des coquilles.

Cette branche de l'histoire naturelle offre à la jeunesse un attrait particulier ; elle réunit à la variété et à l'élégance des formes le brillant des couleurs et les détails du dernier fini. Nous espérons que ce que nous allons en dire pourra engager quelques-uns de nos lecteurs à chercher dans les traités spéciaux des connaissances plus complètes. Les gravures présentent un spécimen de trente-sept genres ou familles ; nous allons essayer d'en expliquer les noms en disant quelques mots et sur la coquille et sur l'hôte qui l'habite.

Linné, Bruguières et M. de Lamark se sont occupés de la classification des *testa-*

*cés*, du mot latin *testa*, croûte, enveloppe solide. Lamarck, en particulier, est l'inventeur d'un système qui paraît devoir remplacer tous les autres. C'est à ses ouvrages que nous conseillons de recourir si l'on veut bien connaître les mollusques et leurs curieuses demeures. Le mot mollusque est emprunté au latin *mollis*, mou, parce que ces animaux sont d'une substance molle, et qu'ils n'ont ni os ni arêtes.

Les naturalistes emploient souvent les mots testacés et crustacés. Les testacés ont une partie de leur corps attachée à la coquille : tels sont les limaçons de nos jardins. Les crabes et les écrevisses de mer, ou homards, sont des crustacés, parce que leurs corps sont couverts d'une espèce d'armure, dont les différentes pièces sont adaptées à chacun de leurs membres.

Il y a trois classes ou divisions dans les coquilles, et elles se subdivisent en un grand nombre de familles, d'espèces et de variétés. La première de ces classes renferme les coquilles qui sont formées d'une seule pièce ou d'une valve. On les appelle pour cette raison *univalves*. La seconde renferme les coquilles à deux valves ou les *bivalves;* enfin, dans la troisième sont rangées toutes celles qui ont plus de deux valves, et qu'on nomme *multivalves*.

Comme un grand nombre de coquilles se trouvent dans les rivières aussi bien que dans la mer, et que quelques-unes ne se trouvent que dans les rivières, nous avons cru devoir dépasser les limites de notre titre, qui n'annonçait que les productions de l'Océan.

### UNIVALVES

L'ARGONAUTE-ARGO. — On suppose que cet animal a donné le premier à l'homme l'idée d'employer les voiles; et c'est sans doute pour cette raison qu'il porte le nom du premier vaisseau qui se soit aventuré sur la mer, celui dans lequel Jason et ses compagnons allèrent à la conquête de la Toison d'Or, 1263 ans avant J. C.

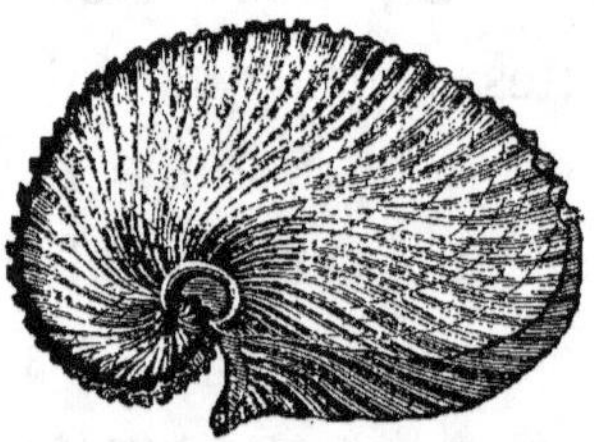

La coquille est de forme spirale, et presque aussi mince que du papier; on ne croit pas que le mollusque qui la gouverne, et qui n'y est point attaché, ait fabriqué lui-même cette machine.

L'argonaute rampe sur ses longs *tentacula* ou sur ses bras, la quille du coquillage étant tournée en dessus lorsque l'animal est au fond de la mer. Dans les temps calmes, il s'élève à la surface en dégageant une certaine quantité de fluide qui le rendait plus pesant que l'eau de la mer; dans cette position, il étend deux de ses bras, dont chacun est garni d'une membrane ovale qui fait l'office de voiles; ses autres bras, qui sont au nombre de six, pendent le long des flancs du coquillage, et servent de gouvernail et de rames. L'argonaule n'est pas facile à prendre; à la moindre alarme, il plie ses voiles, rentre dans l'eau en retournant sa coquille, et plonge au fond.

Le NAUTILUS-POMPILIUS.— Ce coquillage est beaucoup plus gros que celui que nous

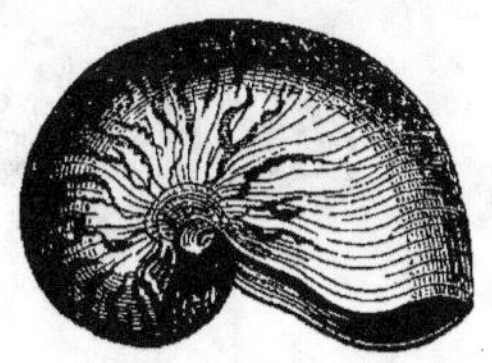

venons de décrire; il en diffère en ce que l'intérieur de sa coque est partagé en un grand nombre de cellules que traverse un long tube ou siphon. Il flotte sur l'eau comme l'argonaute, mais ses tentacules sont plus nombreux. Il est commun dans les mers des Indes, d'où on l'apporte en Europe pour figurer dans les cabinets des amateurs ou dans des ornements de joaillerie. Dans l'Orient, on en fait des coupes qu'on embellit d'ornements curieux et de sculptures. En grec, le mot nautilus signifie navigateur.

Le CONUS, ou *cône*, tire son nom de sa forme; ce genre est peut-être le plus

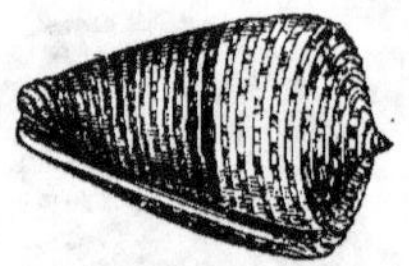

beau et le plus varié de tous les univalves, et les individus les plus précieux lui appartiennent. Les cônes fréquentent les mers des climats chauds, et se trouvent à

une profondeur de dix à douze brasses.
Le spécimen de notre gravure offre le
*conus tesselatus* ou cône mosaïque.

Le CYPRÆA est un coquillage uni, luisant,
agréablement nuancé, et couvert de marques quelquefois symétriques; il est sur-

tout remarquable par la variété de son
aspect dans les différentes périodes de son
accroissement. Lorsqu'il est jeune, il serait difficilement reconnu par un observateur inexpérimenté. Lamarck rapporte
que le mollusque du cypræa continue à
grossir quoique sa coquille soit déjà complète. Lorsqu'il trouve son habitation trop
étroite, il la quitte pour s'en construire
une nouvelle. On en trouve assez souvent,
et de différentes grandeurs, dont l'aspect

semble appuyer l'opinion de Lamarck. La gravure représente le *cypræa-tigris*.

La BULLA ou *bulle*. — Cette coquille a la forme d'un œuf; en général elle rés-

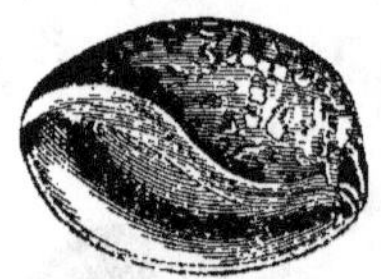

semble assez au cypræa et à quelques espèces que nous n'avons pas encore décrites, pour qu'il ne soit pas facile de les distinguer. Notre gravure donne la *bulla-ampulla*.

La VOLUTE explique son caractère par sa dénomination; elle est pour ainsi dire

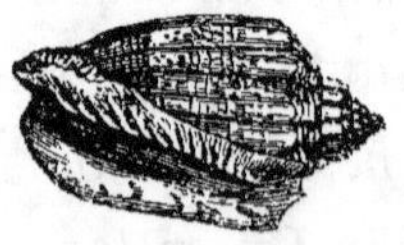

roulée sur elle-même et de forme cylindrique. Une des lèvres de l'ouverture est plissée.

Le BUCCINUM ou *trompette*. — Le premier de ces noms est emprunté du grec, et si-

gnifie une trompe ou un cor ; c'est à cet usage que l'appliquaient les bergers dans l'antiquité ; ils tiraient des sons de ce coquillage, après en avoir brisé l'extrémité pour former l'embouchure.

Le buccinum *purpura*, qui appartient à cette famille, fournissait aux Romains leur belle pourpre de Tyr ; cette substance était si précieuse, qu'une livre de laine teinte en pourpre valait de sept à huit cents francs de notre monnaie. Cette couleur fut d'abord portée par les magistrats ; mais bientôt, à cause de sa rareté, elle fut réservée aux seuls empereurs. La pourpre était aussi fournie par le murex. Le *buccinum-undatum*, ici représenté, est originaire de la Grande-Bretagne.

Le strombus se trouve communément dans les Indes occidentales. L'individu

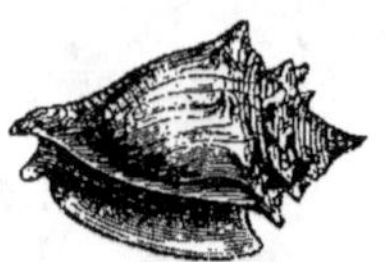

qu'indique la gravure est le *strombus-pugilis*, ou à piquants.

Le murex est ainsi appelé à cause de sa

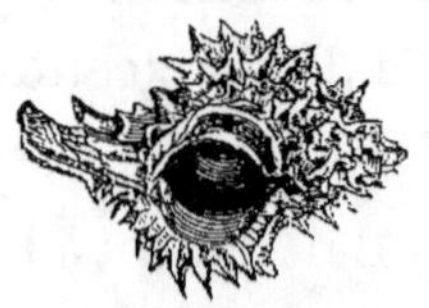

forme rocailleuse. Quelques-unes de ses

variétés sont d'une grande beauté, et particulièrement le murex-ramosus.

Le TROCHUS. — Les caractères de ce
genre ne sont pas distinctemeut définis.

L'hélix a beaucoup de variétés qui se ressemblent, et que l'étude apprendra seule
à reconnaître. Notre spécimen offre le *tro-
chus-niloticus*, originaire d'Amboine. Il y a
un coquillage de la même famille qu'on
rencontre assez souvent adhérent à de petits coquillages, à des pierres ou à des fragments de coquilles. On n'a pas encore
expliqué la cause de ce phénomène, que
les uns attribuent à une substance gluante,
d'autres aux mœurs pacifiques de l'animal,

qui permettent à d'autres de s'attacher à
sa demeure.

Le TURBO ou *turban*. — Ce coquillage
offre beaucoup de rapports avec le tro-

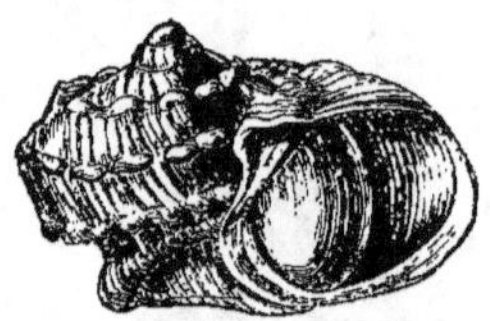

chus ; l'ouverture, ou la bouche du turbo,
est ronde, ou quelquefois un peu ovale ; la
coquille est de forme spirale, comme son
nom l'indique. Le spécimen ci-joint représente le *turbo-marmoratus*, ou marbré,
qui se trouve dans la mer du Sud.

L'HELIX ou *limaçon*. — Le mot *helix* si-

gnifie une ligne spirale, et l'examen de ce

coquillage prouve que cette dénomination est motivée. Les individus de cette famille ont leur coquille mince et en partie transparente. On les trouve presque partout, sur le sol, dans les rivières et dans la mer. Il faut remarquer toutefois que ceux qui habitent l'Océan ont une enveloppe dure et consistante qui leur permet de résister aux mouvements des vagues, tandis que les limaçons de rivières ont une. couverture fragile; quant à ceux qu'on trouve sur la terre et dans les fossés, leur maison est si délicatement construite, qu'elle cède et se. rompt à la moindre pression. On trouve généralement les limaçons dans les lieux humides. Durant l'hiver ils se retirent dans les crevasses des vieux murs et des rochers, ou sous l'écorce des arbres; là, ils se préparent à un état d'engourdissement, et ferment l'ouverture de leur coquille au moyen d'une substance glutineuse qui forme comme un couvercle. Dans les cli-

mats où la végétation n'est pas interrom-
pue, le limaçon n'hiverne point. La grande
espèce, nommée *helix-pomatia* ou limaçon
de table, est celle que représente la planche. Dans l'antiquité, les hommes s'en
nourrissaient. Les Romains en consom-
maient une grande quantité; ils avaient
plusieurs manières de les engraisser. Aujourd'hui le limaçon, vulgairement appelé
escargot, tend à devenir un objet de grande
consommation.

La NÉRITE ou *sabot de cheval*. — Ce nom
est probablement dérivé d'un mot grec
qui signifie *creux*. La beauté de ce coquil-

lage est très-remarquable. La gravure indique le *nerita-peloronta* ou à bandes de

pourpre. Il y en a de fort agréablement émaillées. Vue d'un certain point, l'ouverture du coquillage offre l'aspect d'un sabot de cheval.

L'HALIOTIS ou *oreille de mer*. — Ce coquillage est percé de plusieurs trous, et

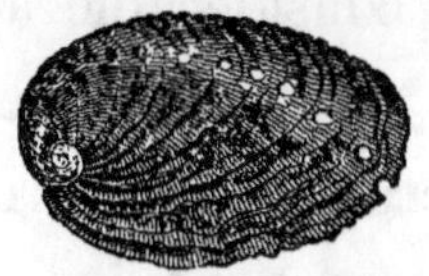

c'est au travers de ces ouvertures que l'animal étend ses tentacules, qui lui servent à saisir sa nourriture ou à arrêter sa proie. Il adhère aux rocs, et ce n'est qu'avec peine qu'on l'en détache. La figure représente l'*haliotis-tuberculata*, qu'on rencontre sur les rivages de France et d'Angleterre.

La PATELLA. — Ce mot signifie un petit plat. L'animal se fixe aux rochers que baigne et abandonne tour à tour la marée.

Il jouit de la faculté de locomotion, mais il se meut avec beaucoup de lenteur, et il

met un temps considérable à passer d'un rocher sur un autre. Sa force d'adhérence est si considérable, qu'on rompt souvent la coquille en essayant de l'enlever; mais s'il se laisse surprendre, on le détache dans un état parfait de conservation.

Le DENTALIUM ou *défense*. — Celui que nous avons donné est le *dentalium - ele-*

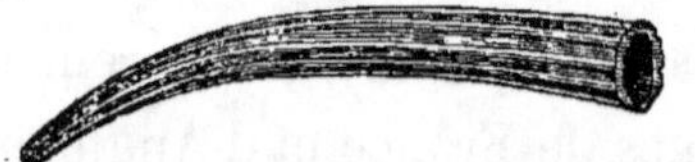

*phantinum* ou défense d'éléphant. Ordinairement on le trouve enfoncé dans le sable. On assure que le mollusque qui l'habite peut se retirer, à la moindre apparence de danger, à l'extrémité la plus étroite de son habitation.

## BIVALVES

Le MYA ou *bâilleur*. — La gravure est un spécimen du *mya-truncata* ou tronqué,

qu'on trouve sur nos rivages. Ce coquillage a plus de développement en largeur qu'en longueur; il est ordinairement entr'ouvert à l'une et à l'autre extrémité. On le trouve enfoncé dans la vase ou dans le sable. Il y a une espèce dans cette famille qui produit des perles.

Le SOLEN, *rasoir* ou *gaîne*. — Ce coquillage est d'une forme allongée, entr'ouvert

à ses extrémités. Il pénètre perpendiculai-
rement dans le sable, à une certaine profondeur, pour y chercher sa nourriture ;

sa forme ressemble assez à un manche de
rasoir, et elle convient parfaitement à la
position perpendiculaire dont nous venons
de parler. La gravure représente le *solen-
ensis* ou en forme d'épée.

Le TELLEN ressemble beaucoup à l'espèce des vénus, et se rapproche aussi,

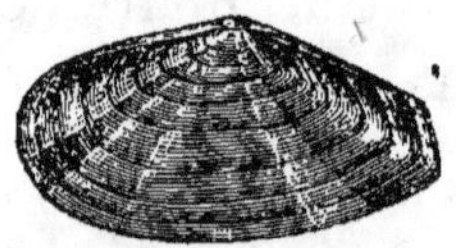

pour certains caractères, du genre *cardium*.
Il faut un coup d'œil exercé pour ne pas
les confondre. On le trouve souvent dans

le sable des rivages de la mer ou des fleuves, et dans les fossés inondés. Le *tellina-
radiata* vient de l'Amérique méridionale.

Le CARDIUM a la forme d'un cœur, et ce
rapport a fait donner cette dénomination
à la famille des pétoncles. Le caractère qui

distingue le cardium des genres tellina et
vénus, c'est que les sillons divisent l'écaille
en longuenr et non en largeur. La chair
de ce mollusque est assez bonne. On en
pêche des quantités considérables sur les
côtes de l'Angleterre, de l'Irlande et de la
Hollande.

Le MACTRA ou *huche*. — Les naturalistes
ne sont pas d'accord sur l'origine de ce
mot. La charnière de ce coquillage mérite

quelque attention. Le spécimen ci-joint

représente le *mactra-stultorum*. Il est assez commun sur nos rivages.

Le DONAX ou *coin*. — Ce mot est dérivé du grec et signifie une flèche. La forme

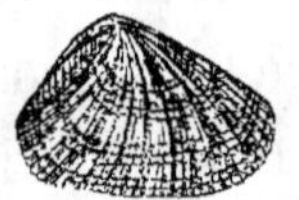

ressemble à un coin : elle permet à l'animal de s'enfoncer dans le sable. On lui a donné le nom de flèche, soit parce qu'il pénètre dans le fond, soit plutôt parce que les anciens en armaient la pointe de leurs dards.

Les vénus doivent cette dénomination à la beauté de leur forme et de leur couleur. En général, les individus de cette famille

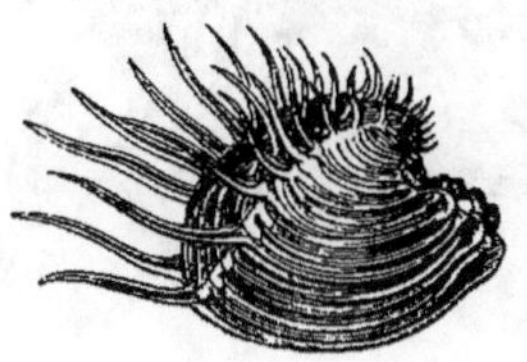

offrent une grande ressemblance avec ceux des genres tellina et cardium. La différence existe dans la charnière, qui, dans les bivalves, sert à distingner le plus grand nombre des familles. On rencontre les vénus dans presque toutes les mers ; elles aiment à s'enfoncer dans les sables. La *vénus-dioné* vient de l'Amérique du Sud.

Le spondylus, ou *huître à piquants*, a la coquille rude et garnie de fortes pointes. Il s'attache fortement aux rochers de l'Océan. Cette espèce se rapproche de celle

des huîtres, et n'en diffère que par ses tubercules ou piquants. On pêche les spon-

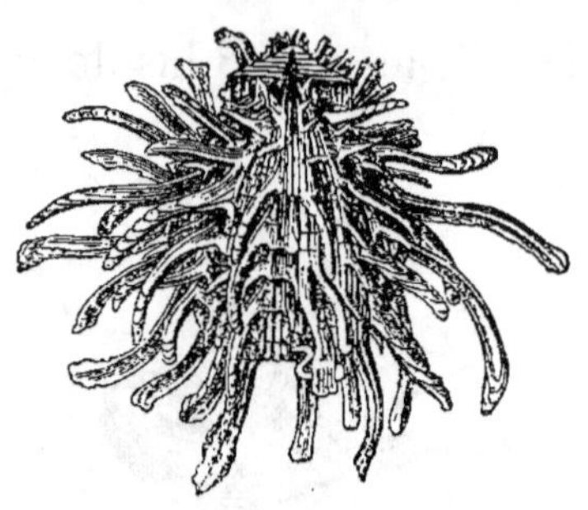

dylus en grand nombre dans la Méditerranée. Les habitants des rivages en man-
gent la chair; on appelle quelquefois ce
mollusque l'artichaut. La dénomination de
spondylus vient du grec, et signifie assez
souvent en cette langue la partie de l'artichaut qui est terminée par des pointes.
Cependant ce terme veut dire proprement
articulation ou vertèbres. Le spondylus-
gœdaropus vient d'Amboine.

Le CHAMA s'attache aux rocs et aux substances dures au moyen d'un byssus ou

d'une barbe qu'il projette de sa coquille. Dans cette position, il peut résister à l'ac-

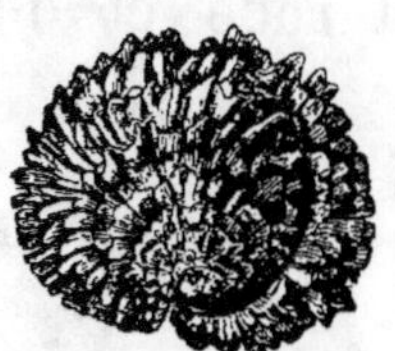

tion des vagues. La gravure donne un échantillon du *lazarus-chama* tiré des Indes orientales.

L'ARCHE. — Une des espèces de cette famille a été nommée arche de Noé à cause

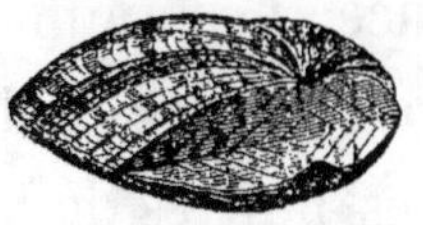

de sa forme. C'est celle dont nous donnons la représentation. Tous les individus du genre arche ne ressemblent point à ce spécimen ; on les distingue par les dispositions

particulières de la charnière. Les autres
caractères varient considérablement.

L'ostrea ou *huître*. — La coquille de ce
mollusque est rude et d'un aspect peu

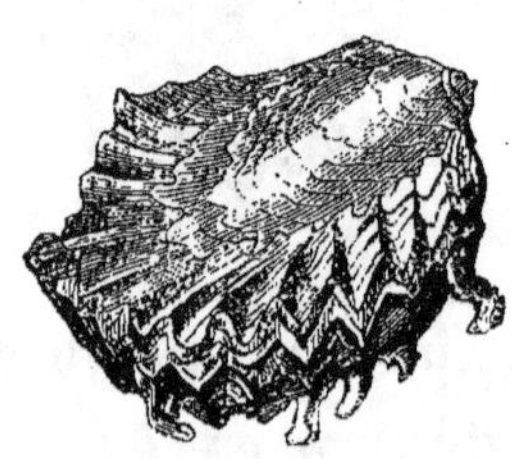

agréable; toutefois quelques-unes sont co-
lorées. Les huîtres se trouvent sur un assez
grand nombre de rivages, et particulièrement en France. Ces animaux s'attachent
aux rochers, aux pierres isolées, ou les uns
aux autres. Les huîtres de la Grande-Bretagne étaient très-estimées chez les Romains. Juvénal le satirique parle d'un sé-
nateur romain qui pouvait distinguer de
suite la saveur des huîtres venues de Rich-
borouch, sur le rivage de Kent, de toutes

les autres. Pline parle aussi dans son histoire naturelle des huîtres de la Grande-Bretagne ; cependant il donne la préférence à celles de Cyzique ; mais Ausone, auteur du quatrième siècle, qui passe en revue les meilleures, donne aux huîtres de Bretagne le premier rang.

Ce coquillage, qui paraît condamné au repos par la nature, peut cependant se mouvoir dans certaines limites. En accumulant la vase, il parvient à s'élever, et attend patiemment que la marée renverse cette base et le fasse ainsi changer de position. Il existe une variété qui a la forme d'un marteau, et une autre qui ressemble à une feuille séchée, et qu'on appelle *ostrea-folium*. Nous en donnons ici la figure.

Les PECTEN sont des coquillages d'une grande beauté, qui ont sur les espèces que nous venons de décrire l'avantage d'ouvrir leur enveloppe avec assez de force pour s'élever de plusieurs pouces hors du sable

et s'avancer dans la mer. En outre, le pecten peut se mouvoir sur la surface de l'eau
à peu près comme le ferait un vaisseau.

Quand la mer est calme, on voit surnager
de petites flottes de pecten ; ils élèvent une
de leurs palmes qu'ils gouvernent comme
une voile, tandis que l'autre forme la
quille de l'embarcation. A l'approche d'un
ennemi, ils ferment immédiatement leur
pont et plongent au fond. On les appelle
pecten à cause de la ressemblance qu'offre
leur coquille avec la disposition des dents
d'un peigne. Le *pecten-opercularis* se trouve
sur nos rivages.

L'ANOMIA ou *lampe antique.* — L'ély-

mologie de ce mot remonte aussi à la langue grecque, et signifie une déviation de
la loi. Les individus de la famille anomia

diffèrent tellement entre eux, qu'il est difficile d'en préciser les caractères. Il y a
une espèce qui ressemble à une lampe antique ; mais ce qui leur appartient généralement, c'est une ligature qui traverse une
perforation de la coquille, et au moyen de
laquelle l'animal s'attache plus facilement
anx rocs et aux autres substances. La gravure représente une variété qui se trouve
en Angleterre : c'est l'*ephippium*, c'est à
dire *en forme de selle*. On lui donne aussi
le nom d'*orbicularis-anomia*.

Le TEREBRATULA. — Les coquillages de ce genre ne se rencontrent que rarement vivants. Ils se fixent aux rochers, et à une

certaine profondeur sous les eaux, ce qui fait qu'on les prend difficilement et que leurs mœurs échappent aux investigations des naturalistes : aussi ne sait-on que fort peu de chose de ce qui les concerne. A l'état fossile, on les trouve en grande quantité. Linné les a placés dans le genre anomia. Les valves sont équilatérales, mais la valve inférieure est la plus petite; la supérieure a cela de particulier, qu'elle ressemble plus ou moins à un hameçon. Cet hameçon est sillonné de cannelures, dont les arêtes, se réunissant à l'extrémité, y forment une ouverture ; c'est ce qui les a fait nommer terebratula , c'est à dire forées, du mot latin terebratus, qui a cette signification. L'individu ici représenté est le *terebratula-vitrea* ou vitré.

Le MYTILUS ou *moule*. — La gravure représente la moule commune qu'on sert souvent sur nos tables. La coquille a quel-

que chose de rude ; elle s'attache au moyen d'une barbe spongieuse aux rochers et aux coraux. Certains animaux s'en nourrissent aussi ; les oiseaux les attrapent, et les singes leur donnent la chasse d'une manière très-adroite. A la marée descendante, ces coquillages restent souvent à découvert ;

les singes les guettent à ce moment, et dès
qu'une moule s'ouvre ils s'en approchent
avec précaution, et introduisent un caillou
entre les deux valves, ce qui empêche le
mollusque de se refermer.

L'unio - margaritifera ou *la moule à
perles*. — C'est de ces coquillages, qu'on

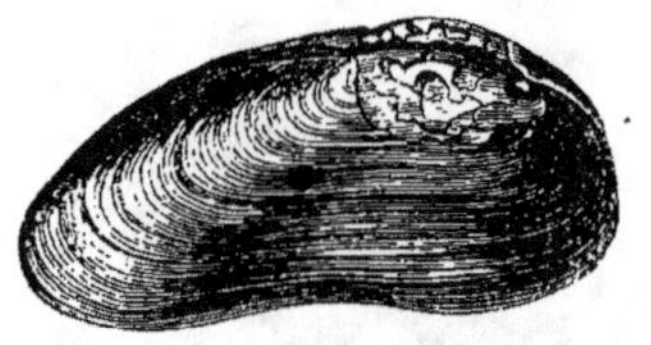

trouve dans les rivières et les lacs de l'Europe, et en plusieurs contrées de l'Angleterre, qu'on tire ces précieux ornements.

Les perles, comme nous l'avons vu,
doivent leur naissance à une maladie du
mollusque, occasionnée par les chocs qu'il
reçoit : c'est ce qui donne tant de prix aux
perles régulières. Nous avons déjà parlé
de celles que les plongeurs vont chercher

au fond des eaux. Une seule coquille en
renferme plusieurs, mais à peine trouve-
t-on deux perles parfaitement semblables.

Le PINNA ou *l'aile de mer*. — Ce coquillage, très-développé d'un côté, se termine

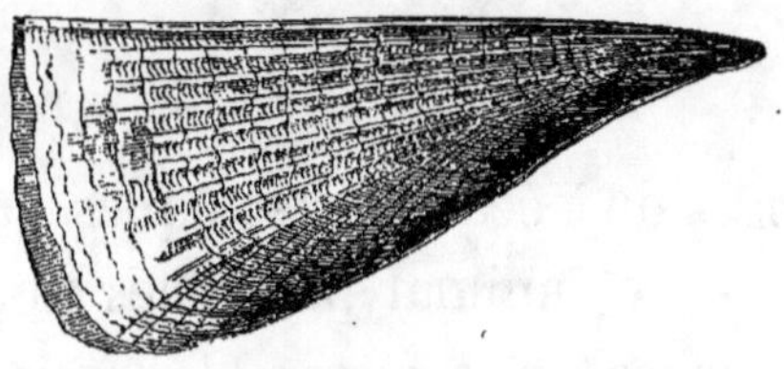

en pointe à l'extrémité opposée. Le *pinna-
ingens* se trouve sur les rivages de l'Ecosse.

### MULTIVALVES

Le CHITON ou *cotte de mailles*.—La forme
de ce coquillage est ovale; il se compose
communément de huit valves superposées
comme des tuiles, mais affectant une forme
convexe et encerclées dans un bord. L'en-

semble de cet appareil ressemble assez à un bouclier. La planche représente le *chiton-*

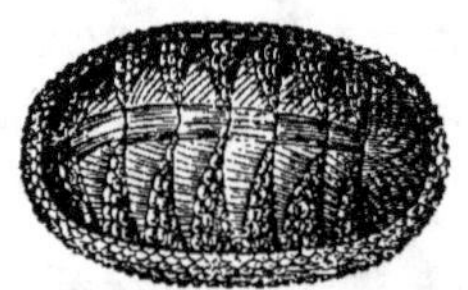

*squamosus* ou à écailles. Quelques auteurs ont classé cet animal parmi les poux de bois, à cause de sa ressemblance avec ces derniers, et plus encore parce que le chiton se meut de la même manière que l'insecte. Il s'attache aux rochers comme les patelles, et peut se transporter d'un lieu à un autre.

Le LEPAS. — L'individu représenté par la gravure est un *lepas-anatifera*. Ces animaux sont munis d'un appareil creux, qui leur permet de se fixer aux corps durs. On les trouve souvent réunis en groupes. Ils ont la faculté de projeter leurs tentacules au dessus de la surface de l'eau pour

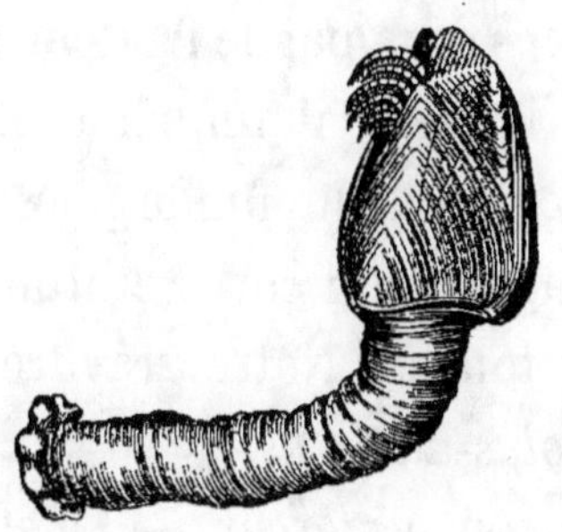

se procurer leur nourriture. Le mot lepas, en grec, signifie un roc.

Le PHOLAS ou *perce-pierre*. — Dans sa jeunesse le pholas peut percer des char-

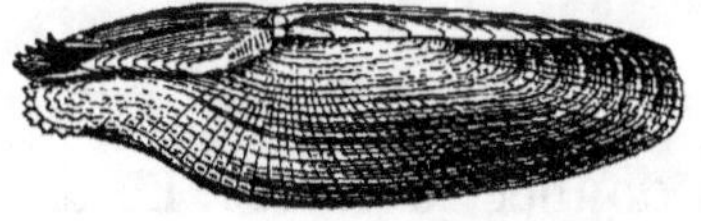

pentes, des fragments de roc et d'autres pierres ; et on le voit agrandir son habitation pour la proportionner à sa croissance. On croit qu'il parvient à pénétrer dans ces corps durs par le frottement de sa coquille, à laquelle il imprime un mouvement circulaire. Un fluide phosphorescent se dégage de son corps et illumine les objets qu'il touche. Notre gravure représente le *pholas-dactylus*.

Le TEREDO ou *perforeur*. — La structure de cet animal est des plus curieuses et

correspond admirablement à la mission que lui a donnée la nature. Le teredo-navalis, ou ver de vaisseau, est un ennemi dangereux pour les navigateurs. Il attaque les bois les plus durs, si l'on n'a pas eu la précaution de les goudronner ou de les doubler en cuivre. Il y a des vaisseaux

13

que le teredo-navalis a endommagés de manière à y déterminer une voie d'eau. Les Hollandais redoutent ce petit animal qui ruine leurs digues et qui les oblige à de continuelles réparations. Cependant si le teredo est funeste à l'homme, d'un autre côté il lui rend d'éminents services. Les débris de naufrages, les charpentes, les amas de substances végétales, qui s'accumulent à l'embouchure des rivières, finiraient par gêner la navigation, si le ver perceur, par ses travaux assidus, qui minent ces obstacles dans tous les sens, ne les empêchait de prendre de la consistance et ne les forçait à céder aux courants. Il serait difficile d'expliquer d'une manière claire l'appareil de cet animal; on croit qu'il agit au moyen d'un fort muscle qui passe d'une valve à l'autre, et qui, en faisant tourner l'écaille sur elle-même comme une vrille, lui permet de pénétrer dans les bois les plus durs.

# CHAPITRE IX

—

On a remarqué que la nature a moins
prodigué les ornements aux animaux utiles
à l'homme qu'à ceux dont il ne fait aucun
usage; aussi les coquillages dont il se
nourrit sont presque tous d'une couleur
peu agréable et recouverts d'une rude enveloppe. Les crabes, les écrevisses de mer,
les huîtres, les moules, les chevrettes, sont
un objet important de consommation;
mais la beauté de leurs teintes et de leurs

formes est en raison inverse de leur utilité.

Les CRABES vivent ordinairement dans la
mer ; ils se nourrissent de plantes marines, de menu poisson et de corps morts.
Le crabe à pinces noires est remarquable
en ce qu'il renouvelle sa coquille et ses
pinces, quand un accident les lui a fait perdre. Quand il se prépare à changer d'enveloppe, ce qu'il fait une fois par an, il se
retire dans un creux de rocher, d'où il ne
sort que revêtu d'une armure neuve. A
cette époque, et pendant plusieurs jours,
l'animal semble avoir la conscience de sa
faiblesse ; il paraît craindre de s'exposer
au moindre danger. Dès qu'une de ses pinces a été brisée, la blessure saigne, et il
donne des signes d'une vive douleur ; il
agite dans tous les sens le membre blessé,
puis il le tient entièrement immobile ; la
pince fait entendre un faible craquement,
et la partie blessée se détache, comme elle

aurait pu le faire à la suite de l'opération chirurgicale la plus habile.

Le CRABE ERMITE n'a point de coquille, mais seulement des pinces ; néanmoins, il ne souffre point de cet oubli de la nature, l'instinct lui ayant appris à s'approprier les dépouilles des autres espèces. Il est curieux de voir l'ermite se promener sur le rivage, traînant à sa queue l'habitation de l'année précédente, et ne pouvant se résoudre à en faire le sacrifice avant de s'en être assuré une meilleure. Cette découverte faite, il se loge dans sa nouvelle enveloppe, bien qu'elle soit quelquefois si vaste que ses pinces s'y trouvent logées aussi bien que tout son corps ; il arrive aussi que cette armure devient l'objet de la convoitise de plusieurs ermites : dans ce cas, comme dans les conflits humains, le plus faible est obligé de céder.

Les ÉCREVISSES DE MER, OU HOMARDS, abondent sur nos rivages ; on les prend souvent avec la main ; on leur tend aussi des piéges qui, à l'instar des souricières, laissent entrer l'animal sans lui permettre de ressortir. Il est à remarquer que les écrevisses de mer changent non-seulement d'écailles, mais d'estomac et d'intestins ; toutefois, ce renouvellement ne se fait que graduellement.

Les pinces des crabes et des écrevisses de mer ont une grande force ; quelquefois les pêcheurs se trouvent inopinément saisis par ces animaux, et ils ne peuvent leur faire lâcher prise qu'en arrachant le membre de l'animal. Les écrevisses courent avec vitesse au fond de l'eau ; elles peuvent sauter à de grandes distances, et se réfugient, à la moindre alarme, dans quelques crevasses de rochers, dont l'ouverture est juste la mesure de leur corps. Elles perdent leurs pinces à la suite d'une grande frayeur, occasionnée soit par le tonnerre, soit par la décharge d'un canon. Ces membres repoussent, mais ils n'atteignent plus leur développement primitif. Nous avons déjà vu que, lorsqu'une des pinces est endommagée, le homard s'en débarrasse. L'histoire naturelle de ces animaux offre les observations les plus curieuses.

Les CHEVRETTES et les LANGOUSTES ressemblent beaucoup, pour la forme, aux écrevisses de mer. On les trouve en grand nombre parmi les plantes marines, et à peu de distance du rivage. Elles nagent ordinairement sur le dos; mais, au moindre danger, elles se jettent sur le côté et sautent à reculons avec beaucoup de prestesse. Leur nourriture consiste en petits animaux de mer, et elles sont elles-mêmes la proie d'un grand nombre d'autres espèces.

VERS DE MER.—Parmi les animaux appelés vers de mer, la grande espèce est particulièrement remarquable; sa longueur est telle qu'il est presque impossible d'en assi-

gner les limites. Quant à sa grosseur, elle
varie entre celle d'un tuyau de plume et

celle d'un doigt. Les pêcheurs tirent quelquefois de l'eau ces reptiles avec d'autres
poissons ; quelques-uns affirment qu'après
avoir longtemps halé ces vers comme un
cordage, ils n'ont pu en trouver la fin. On
les rencontre quelquefois dans les bas-
fonds, sous des pierres, et entortillés dans
des plis inextricables. Ils ont la faculté de
se contracter à un point extraordinaire.
On les trouve communément sur les côtes
d'Angleterre.

Il y a plusieurs espèces de vers de mer
qui jouissent d'une propriété phosphores-

cente. Le *nereis* est un ver flexible, à peine visible à l'œil nu ; il est transparent et d'une teinte vert de mer. Une coupe d'eau de mer en contient des milliers ; ils s'attachent aux écailles des poissons et les rendent lumineuses.

Anémone de mer, souci de mer. — Plusieurs animaux de l'Océan offrent tant de ressemblance avec le règne végétal, qu'on a donné à quelques-uns des noms de fleurs ; tels sont les anémones de mer et les soucis de mer.

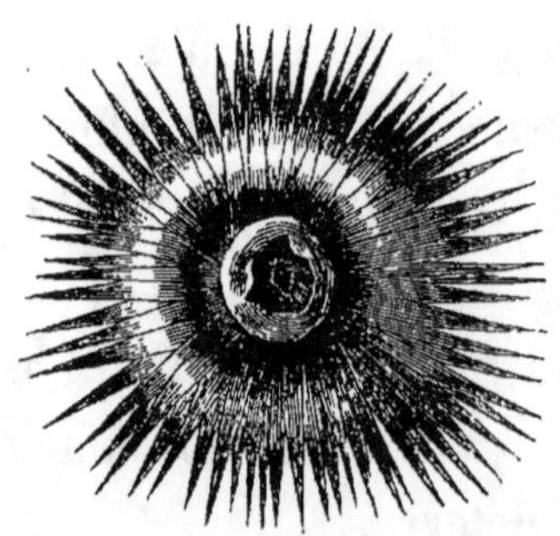

L'anémone de mer à couleur rose a la

forme d'un cône creux; au sommet se
trouve une ouverture à travers laquelle
s'échappent un grand nombre de tentacules flexibles, radiés comme les pétales
d'une fleur. C'est à l'aide de ces bras que
l'animal saisit sa proie, qui consiste en
menu poisson.

Le souci de mer ressemble à la fleur
dont il porte le nom. On le trouve, dit-on,
à la profondeur d'un ou deux pieds, dans
des ouvertures coniques de rochers. La
couleur en est d'un jaune pâle, légèrement
nuancé de vert; sa taille, comme sa forme,
rappelle le souci de nos jardins. L'obser-

vateur qui a donné ces détails a essayé, à différentes reprises, de détacher un de ces animaux du roc, mais sans pouvoir y réussir : aussitôt que sa main s'approchait du souci de mer, il se contractait immédiatement et se retirait dans le creux du roc ; au bout de quelques minutes, il se montrait de nouveau et s'épanouissait avec une sorte de complaisance. Du calice de cette fleur marine sortaient quatre antennes d'une couleur foncée, assez semblables aux pattes d'une araignée : ces espèces de bras avaient un mouvement rapide en sens divers.

# CHAPITRE X

LES PALMIPÈDES

Maintenant que nous avons énuméré les plantes, les poissons, les coquillages que renferme la mer, nous allons décrire les principaux oiseaux qui volent à sa surface ou vivent sur ses bords et qui sont désignés sous le nom générique de *Palmipèdes*, c'est à dire oiseaux dont les pieds, servant à la natation, ont les tarses très-courts et les doigts reliés entre eux par une membrane. Ils sont protégés par un plumage serré, duveteux, imperméable; imperméabilité attribuée à un produit graisseux dont sont imbibées leurs plumes, et qui provient de deux glandes de la peau.

Tous les palmipèdes sont des oiseaux aquatiques; les uns fendent l'espace avec une vitesse égale à celle des oiseaux les plus rapides, les autres volent avec difficulté ou sont même privés de la faculté de s'élever dans les airs,

Cet oiseau, au bec plus long que la tête,
aux ailes très-aiguës et très-larges, est très-
remarquable par sa légèreté et ses formes

élancées qui l'ont fait comparer aux frégates, les plus gracieux et les plus rapides de nos vaisseaux.

Doué d'une grande puissance de vision, il plane comme l'aigle, découvre le poisson qui se joue ou nage à la surface, fond sur lui et l'enlève avec rapidité pour en faire sa pâture.

Il se tient dans les grandes baies et les golfes de l'Amérique et de l'Asie : on le trouve communément au Brésil, à Timor, aux îles Mariannes, aux Moluques.

LE FOU DE BASSAN

Presque semblables aux frégates, mais
plus lourds et moins gracieux, les fous sont
à peu près de la grosseur d'une oie.

14

Nageant rarement, rasant presque toujours les ondes et saisissant les poissons qui se montrent à la surface, ils s'éloignent peu de la terre, où ils établissent leurs demeures et leurs nids.

Il n'est pas rare de voir les frégates, hardies et impétueuses, les attaquer et leur arracher le poisson qu'ils ont pêché; aussi les a-t-on fréquemment accusés de stupidité.

Le nom de Bassan leur vient de l'île de Bass, située en Écosse, où des bandes innombrables de ces oiseaux ont établi leurs nids.

L'ALBATROS

L'albatros est le plus gros palmipède
connu : ses proportions énormes lui ont

valu de la part des marins les surnoms de *vaisseau de guerre, mouton du Cap,* etc. Malgré cela, son vol est léger, tout en étant vigoureux, et il est presque constamment au dessus des flots, sur lesquels même il se repose, dit-on, ne rentrant que rarement dans les îles où il a établi sa demeure, si ce n'est toutefois à l'époque de la ponte.

Se nourrissant de coquillages et de mollusques, l'albatros se réunit néanmoins en bandes pour dépecer les corps inanimés des cétacés qui flottent à la surface des mers. Il habite le Cap et les mers australes.

LE GOELAND

Chez ces oiseaux le bec est allongé et
pointu, la tête grosse, le plumage épais.

Criards, lâches, voraces, si bien qu'on les a surnommés *vautours de mer*, ils se nourrissent des poissons putréfiés, des cadavres qui flottent sur la mer, de vers, de mollusques, etc. Ils s'épient et se battent fréquemment entre eux pour posséder une proie.

Leur vol est gracieux et léger; ils planent ou rasent les flots presque constamment et se réfugient sur les côtes pendant les tempêtes et les gros temps.

Ils habitent à peu près toutes les contrées du monde, mais surtout les bords des mers du Nord.

LE GRAND MANCHOT

Ce palmipède ne peut voler : ses ailes,

qui sont courtes et semblables à des moignons aplatis, ne peuvent lui servir que de nageoires. Il vit peu sur terre ; la mer est son élément. Excellent nageur, il s'éloigne peu des côtes ; mais, autant il est vif et alerte dans l'eau, autant il est lourd et maladroit à terre, qu'il ne fréquente, du reste, assidûment qu'au moment de la ponte.

Il se laisse facilement approcher, mais quand on l'attaque il se défend avec vigueur, essayant de donner des coups de bec aux jambes, surtout quand elles sont nues, et, dans ce cas, il est bien rare qu'il n'emporte pas quelque morceau de chair.

Les manchots habitent surtout les mers australes.

## LE TADORNE

Cet oiseau, qui tient du canard par sa palmure entière et ses doigts de longueur médiocre, en diffère par ses pattes élevées,

sa marche facile et son bec retroussé, sur-
monté d'un tubercule au front,

Son plumage est blanc, vert à la tête,
mélangé de roux, de vert et de noir aux
ailes. Sa grosseur est à peu près celle d'une
oie; très-malin et très-intelligent, il dé-
route à merveille chasseurs et chiens.

Il est très-commun sur les bords de la
mer Baltique; il fait son nid à terre, dans
les trous des dunes ou des falaises.

# CONCLUSION

Dirons-nous, maintenant, que nous avons achevé notre tâche et que nous avons passé en revue toutes les productions de l'Océan? Non, sans doute; car une seule goutte d'eau, examinée au microscope, nous révèlerait des milliers de créatures non moins curieuses, non moins variées, et où brille la sagesse providentielle au même degré que dans les espèces que nous avons fait connaître. Nous bornerons donc ici notre travail, en avertissant que nous avons dû négliger un assez grand nombre d'espèces, dont se sont occupés les natura-

listes. Quant aux animalcules qui pullulent dans la mer, et qu'on ne peut apercevoir à l'œil nu, nous espérons que ceux de
nos lecteurs que ces données élémentaires
auront intéressés, s'empresseront aussi de
les étudier dans des traités spéciaux et
scientifiques.

FIN

# TABLE DES MATIÈRES

## CHAPITRE V.



## CHAPITRE VI.



## CHAPITRE VII.

1058. — Paris. — Imprimerie Uxion, rue Bonaparte, 64.